国家林业和草原局职业教育"十四五"规划教材

简明生态文明教程

庾庐山　文学禹　刘妍君　主编

中国林业出版社
China Forestry Publishing House

图书在版编目(CIP)数据

简明生态文明教程/庾庐山，文学禹，刘妍君主编. --北京：中国林业出版社，2022.8
（2024.2重印）
国家林业和草原局职业教育"十四五"规划教材
ISBN 978-7-5219-1400-9

Ⅰ.①简… Ⅱ.①庾… ②文… ③刘… Ⅲ.①生态环境建设-中国-高等学校-教材 Ⅳ.①X321.2

中国版本图书馆 CIP 数据核字（2021）第 219071 号

课程信息

国家林业和草原局职业教育"十四五"规划教材
全国生态文明信息化遴选融合出版项目

中国林业出版社

策划编辑：吴　卉
责任编辑：张　佳
电　　话：010-83143561

出版发行：中国林业出版社
邮　　编：100009
地　　址：北京市西城区德内大街刘海胡同7号
印　　刷：河北京平诚乾印刷有限公司
版　　次：2022年8月第1版
印　　次：2024年2月第5次印刷
字　　数：240千字
开　　本：787mm×1092mm　1/16
印　　张：10.75
定　　价：48.00元

凡本书出现缺页、倒页、脱页等问题，请向出版社图书营销中心调换
版权所有　侵权必究

编写人员

主　　编：庾庐山　文学禹　刘妍君

副 主 编：刘　旺　肖泽忱　韩玉玲
　　　　　彭佩林　张　浩　冯　伟

编写人员：(按姓氏笔画排序)
　　　　　文学禹　冯　伟　刘　旺
　　　　　刘妍君　李香妹　张　浩
　　　　　肖泽忱　庾庐山　彭佩林
　　　　　韩玉玲

前 言

建设生态文明关系人民福祉，关乎民族未来

习近平总书记指出："走向生态文明新时代，建设美丽中国，是实现中华民族伟大复兴的中国梦的重要内容。"为实现中华民族的持续发展，党的十八大以来把生态文明建设放在突出地位，党的十九大提出加快生态文明体制改革，建设美丽中国，并写入宪法。这一切充分表明生态文明建设已真正进入了国家经济社会生活的主干线、主战场和大舞台，中国的生态文明建设迎来空前的历史机遇。

生态建设，教育先行

大学生对生态文明建设的认识程度和大学生生态文明素质的高低，直接关系到生态文明建设能否取得预期成果，更关系到国家的前途和命运。作为一所以"生态"特色显著的高校，向广大师生传播生态文明理念、普及环保知识、发挥学生辐射作用、促进公众参与是我们义不容辞的职责。本教材紧密结合学生了解生态文明知识的需求，内容充实、思路清晰、重点突出，具有一定的理论深度；形式上充分照顾读者的阅读习惯，语言生动准确、深入浅出，利于教学，易于接受。

生态+智慧校园，助力生态文明建设

湖南环境生物职业技术学院犹如一颗璀璨的明珠，闪耀在风景秀美的南岳衡山之阳。厚积薄发，先后获全国绿化模范单位、全国职业教育先进单位、全国乡村振兴人才培养优质校（培育单位）、湖南省首批示范性高职院校、湖南省卓越高等职业院校、湖南省专业群"双一流"建设单位、湖南省文明标兵校园、湖南省首批科普教育基地、湖南省首批职业教育黄炎培优秀学校、中国林业科学研究院硕士专业学位湖南培养基地等。2010年10月作为全国第一所高职院校与北京大学一同被授予"国家生态文明教育基地"。2018年，学院起草的湖南省地方标准《普通高等学校生态校园建设规范》通过湖南省质量技术监督局组织的评审，这是国内普通高校生态校园建设的首个标准。湖南环境生物职业技术学院以"生态"为轴心，积淀成生态绿化技术及服务、生态养殖技术、生态建设队伍健康服务、生态宜居技术、生态产品经营管理和生态建设队伍健康技术特色专业群，以混合办学体制改革为推进器，朝着国内一流的生态+智慧校园目标迈进。

本教材由庾庐山拟定编写提纲，并由庾庐山、文学禹、刘妍君统稿与校稿。具体写作分工如下：绪论由文学禹、李香妹编写，第一章由韩玉玲编写，第二章由彭佩林编写，第三章由张浩（天津生物工程职业技术学院）编写，第四章由冯伟（锡林郭勒职业学院）编写，第五章由庾庐山编写，第六章由刘旺编写，第七章由刘妍君、李香妹编写，第八章由肖泽忱编写。

本教材编写出版得到了中国林业出版社融媒体出版中心主任吴卉博士的大力支持，同时参考和借鉴了国内外许多专家学者的研究成果，在此致以诚挚的谢意。囿于时间和水平，不当和纰漏之处在所难免，恳请大家批评指正。

编者

2022 年 5 月

目 录

前 言

绪 论 1
  一、"十四五"生态文明建设使命 2
  二、大学生生态文明教育的核心目标 7

第一章 什么是生态文明 16
第一节 生态文明的内涵 16
  一、生态文明的概念 16
  二、生态环境与生态文明 17
  三、生态文明的愿景展现 20
  四、习近平生态文明思想 23
第二节 生态文明是人类文明发展的新形态 27
  一、原始文明：敬畏自然 27
  二、农业文明：顺应自然 28
  三、工业文明：征服自然 29
  四、生态文明：保护自然 31

第二章 生态危机现状 34
第一节 天之危机 34
  一、大气污染 34
  二、极端气候（天气） 39
第二节 地之危机 43
  一、土地退化 43
  二、水污染 45
第三节 物种危机 46
  一、生态入侵 46
  二、物种灭绝 47

三、生物多样性下降 …………………………………………………… 48

第三章　生态文明建设途径 …………………………………………… 52
第一节　理念先行，引领生态文明建设 ………………………………… 52
一、践行生态发展观 …………………………………………………… 52
二、培育生态文化观 …………………………………………………… 53
第二节　方式转变，创新生态技术与管理 ……………………………… 55
一、推进生态技术的研发 ……………………………………………… 55
二、加强企业生态管理 ………………………………………………… 57
三、强化企业生态自律 ………………………………………………… 58
第三节　体制优化，完善生态法律与制度 ……………………………… 59
一、加强生态法治建设 ………………………………………………… 59
二、完善环境决策与制度建设 ………………………………………… 61
第四节　生态修复，践行生态文明理念 ………………………………… 63
一、污染防治攻坚战 …………………………………………………… 63
二、国家生态保护与修复重大工程 …………………………………… 66

第四章　自然资源　生态文明重要载体 ……………………………… 70
第一节　关爱森林，人类共同责任 ……………………………………… 70
一、森林资源保护对生态环境建设的作用 …………………………… 70
二、保护和培育森林资源 ……………………………………………… 72
第二节　草原保护，人类共同参与 ……………………………………… 75
一、草原是地球的"皮肤" …………………………………………… 75
二、国外草原保护与利用 ……………………………………………… 77
三、我国草原保护现状与对策 ………………………………………… 79
第三节　沙漠资源，人类不可或缺 ……………………………………… 81
一、重新认识沙漠 ……………………………………………………… 81
二、国外沙漠治理 ……………………………………………………… 83
三、我国沙漠治理 ……………………………………………………… 84
第四节　河流湖泊，重要淡水资源 ……………………………………… 86
一、水资源概述 ………………………………………………………… 87
二、水资源合理利用 …………………………………………………… 87

第五章　生态城市　共筑文明绿色新家园 …………………………… 90
第一节　绿色建筑，生态城市建设的物质载体 ………………………… 90
一、以绿色价值引领建筑观念变革 …………………………………… 90
二、以技术创新驱动建筑实践转变 …………………………………… 92

三、以制度完善保障建筑体制健康 ……………………………………… 93
第二节 清洁能源，生态城市建设的现实基础 ……………………………… 94
一、生态城市理论引领清洁能源利用 …………………………………… 95
二、合理投入能源利用，提高能源利用效率 …………………………… 97
三、科学调整能源结构，推进高效绿色能源发展 ……………………… 98
四、统筹协调整体发展，推动生态城市建设 …………………………… 100
第三节 城市绿地，生态城市建设的升级优化 ……………………………… 101
一、城市绿地系统 ………………………………………………………… 101
二、城市绿地规划布局 …………………………………………………… 102
三、未来城市 ……………………………………………………………… 103

第六章 绿色发展的生态产业 …………………………………………………… 107
第一节 绿色发展新动能 ……………………………………………………… 107
一、绿色生态价值实现 …………………………………………………… 107
二、保护生态环境就是保护生产力 ……………………………………… 110
第二节 生态产业 ……………………………………………………………… 114
一、生态产业发展历程 …………………………………………………… 115
二、以绿色发展为指导推进生态产业发展 ……………………………… 115

第七章 低碳生活 共创文明绿色新风尚 ……………………………………… 124
第一节 碳达峰与碳中和 ……………………………………………………… 124
一、碳达峰与碳中和的提出 ……………………………………………… 124
二、碳达峰与碳中和的规划蓝图 ………………………………………… 125
第二节 低碳生活，健康你我 ………………………………………………… 128
一、低碳经济的要旨与特征 ……………………………………………… 129
二、低碳经济的实现与发展路径 ………………………………………… 130
三、倡导绿色消费，低碳生活 …………………………………………… 134
第三节 垃圾分类，文明你我 ………………………………………………… 138
一、垃圾分类及其重要意义 ……………………………………………… 138
二、垃圾分类的推行 ……………………………………………………… 140

第八章 生态文明践行日常化 …………………………………………………… 143
第一节 融入生活，注重生态文明理念的实践 ……………………………… 143
一、注重日常习惯养成 …………………………………………………… 143
二、投入专项社会实践 …………………………………………………… 145
三、践行生态消费理念 …………………………………………………… 146
四、推动生态价值引领 …………………………………………………… 147

第二节　立足专业，注重生态文明知识的融合 …………………………… 148
　　一、生态的专业视角 …………………………………………………… 148
　　二、专业的生态视角 …………………………………………………… 151
第三节　拓展思维，注重生态文明视角的升华 …………………………… 153
　　一、从"发展与保护"的关系视角，看生态文明价值观 ……………… 153
　　二、从"不同主体间"的关系视角，做一个"生态人" ………………… 155

参考文献 ……………………………………………………………………… 158

绪 论

中国共产党第十七次全国代表大会报告首次提出了建设生态文明新理念,并在党的十八大报告中指出:"建设生态文明,是关系人民福祉、关乎民族未来的长远大计。"2017年10月18日召开的党的十九大再次强调:"人与自然是生命共同体,人类必须尊重自然、顺应自然、保护自然。""生态文明建设功在当代、利在千秋。我们要牢固树立社会主义生态文明观,推动形成人与自然和谐发展现代化建设新格局,为保护生态环境作出我们这代人的努力!"2018年5月18日—19日,全国生态环境保护大会在北京召开,习近平总书记在会上指出:"生态文明建设是关系中华民族永续发展的根本大计。生态兴则文明兴,生态衰则文明衰。"在中国特色社会主义现代化过程中,党中央、国务院已将生态文明建设和环境保护摆在了十分重要的战略位置。

2011年《中华人民共和国环境保护法》(以下简称《环保法》)被纳入修法计划。2012—2013年经过十一届、十二届两届全国人大常委会三次审议,2014年4月24日,第十二届全国人大常委会第八次会议审议通过了修订后的《环保法》。2015年1月1日,"史上最严"的新《环保法》实施。修订后的《环保法》引入了生态文明建设和可持续发展的理念,确立了保护环境的基本国策和基本原则,规定了公民的环境权利和环保义务,严格了政府、企业事业单位和其他生产经营者的环保责任等。2015年9月,中共中央、国务院印发《生态文明体制改革总体方案》,阐明了我国生态文明体制改革的指导思想、理念、原则、目标、实施保障等重要内容,提出要加快建立系统完整的生态文明制度体系,为我国生态文明领域改革作出了顶层设计。2015年10月,十八届五中全会召开,生态文明建设首度被纳入"十三五"规划,并强调推动形成绿色生产生活方式、加快改善生态环境是事关全面小康、事关发展全局的重大目标任务。2020年10月,十九届五中全会召开,"生态文明建设实现新进步"成为"十四五"社会经济发展主要目标之一,"广泛形成绿色生产生活方式,碳排放达峰后稳中有降,生态环境根本好转,美丽中国建设目标基本实现"被列为到2035年基本实现社会主义现代化的远景目标之一。高度重视生态文明建设和环境保护,这既是对我国现代化过程中出现的严重生态问题进行理性反思的结果,也是对人类社会发展规律认识的深化和升华,更是中华民族实现伟大复兴目标的必由之路。

生态文明建设以尊重和维护自然为前提,以人与自然、人与人、人与社会和谐共生为宗旨,以建立可持续的生产方式和消费方式为内涵,在绿色发展、循环发展、低碳发展中既追求人与生态的和谐,也追求人与人、人与社会的和谐。它顺应了大学生对良好生产生活环境的期待,有助于提高他们的生活质量、促进他们的全面发展。当前,我国生态文明建设进入发展新时期,其核心任务是以习近平生态文明思想和"十四五"规划目标及其实施纲要为统领,扎实推进国家环境治理体系与治理能力的现代化。在全面建成小康社会、实现第一个百年奋斗目标的基础上,向着第二个百年,作为生态文明最有力的倡导者和最活跃的践行者,新时代大学生肩负着改善生态环境、建设生态文明的历史责任,必须要深入了解我国"十四五"时期生态文明建设的重要使命,学习生态文明知识,增强生态文明意识,提高生态文明素养,为推进资源节约和环境友好的"两型社会"建设、"美丽中国"建设做出自己的贡献。

一、"十四五"生态文明建设使命

(一)创建"两型社会"需要

"两型社会"指的是"资源节约型社会""环境友好型社会"。资源节约型社会是指整个社会经济建立在节约资源的基础上,核心是节约资源,即在生产、流通、消费等各领域各环节,通过采取技术和管理等综合措施,厉行节约,不断提高资源利用效率,尽可能地减少资源消耗和环境代价,满足人们日益增长的物质文化需求的发展模式。环境友好型社会是一种人与自然和谐共生的社会形态,其核心内涵是人类的生产和消费活动与自然生态系统协调可持续发展。

创建"两型社会"是生态文明建设的主要任务。推进"两型社会"建设,是生态文明建设的重要内容和有效途径。资源节约、环境友好,既是生态文明的本质特征,也是生态文明建设的内在要求,两者是一个有机整体。建设生态文明,实质上就是要建设以资源环境承载力为基础、以自然规律为准则、以可持续发展为目标的资源节约型、环境友好型社会。生态文明要求逐步形成促进生态建设、维护生态安全的良性运转机制,实现绿色发展、循环发展、低碳发展,最终实现经济与生态协调发展,这内在地包含了建设"两型社会"的内容和要求。因此,推进生态文明建设是"两型社会"建设的迫切需要。

"十三五"时期,我国生态文明建设取得显著成效,资源节约型、环境友好型社会建设取得突破性进展。加快淘汰高能耗、高污染落后产能,提前两年完成"十三五"去产能目标任务;能源结构调整取得积极成效,超额完成"十三五"国家能源规划目标任务;森林覆盖率大幅提高,大气环境质量明显改善,已提前完成碳减排2020年目标……总体上看,"十三五"这五年,是迄今为止生态环境质量改善成效最大、生态环境保护事业发展最好的五年,人民群众的获得感、幸福感、安全感显著增强,全面建成小康社会生态环境目标如期高质量完成。

在未来,我国人口将继续增加,经济总量将再翻番,资源能源消耗将持续增长,保护环境是难度很大而又必须切实解决好的一个重大课题。"十四五"时期,我国进入高质量发展新阶段,"两型社会"建设面临新使命,"十四五"规划《建议》指出,要建立健全绿色低碳循环发展经济体系,完善和建立生态产品价值实现机制,促进经济社会发展全面绿色转型;要通过将单位国内生产总值能耗和二氧化碳排放分别降低13.5%、18%。这两项指标将作为约束性指标进行管理,确保2030年前实现二氧化碳排放达峰,加快形成能源节约型社会；要深入打好污染防治攻坚战，建立健全环境治理体系，推进精准、科学、依法、系统治污，继续开展污染防治行动，深入打好蓝天、碧水、净土保卫战。

建设资源节约型、环境友好型的两型社会是一项系统工程，它绝不仅仅是政府和企业的事情，也是每一个当代大学生所应肩负的责任与使命。当代大学生要充分认识在两型社会建设的新形势下所面临的新机遇、新挑战，积极探索，勇于创新，抢抓历史机遇，充分发挥个人作用，充分了解自己所肩负的责任使命，深刻认识到自己作为整个社会的一员，作为国家和社会未来的建设者所应尽的力量。

思想是行动的指南。创建"两型社会"，当代大学生生态文明教育应重点从以下三个方面着手。首先，树立资源节约、环境保护的生态文明价值观。当代大学生盲目攀比、恣意浪费，随处污染环境的陋习并不鲜见，帮助大学生树立资源节约、环境保护、尊重自然的生态文明价值观，积极进行"两型"观念和知识教育，从小事做起，从自身做起，能够让承载人类文明延续使命的当代大学生明白生态文明建设的至关重要性，从而养成资源节约、环境保护的生态文明意识。其次，逐渐养成资源节约、环境保护的生态文明行为。行动创造人生。青年大学生树立起了"两型"价值观之后，还必须将思想付之于行动，养成资源节约、环境友好的"两型"行为，才能真正推动生态文明建设向纵深发展。培养"两型"行为，可以从生活中的点滴事情做起，尽量少用塑料袋、快餐盒、随手关灯、关电脑、关水龙头，不盲目攀比，不过度消费，提高资源利用率等。最后，努力培养自己构建"两型社会"的过硬本领。人才是经济社会发展的第一资源。两型社会建设，需要以人才为基础和保障，需要一大批具有"两型"理念、知识、文化、技能等各行各业的"两型"人才。大学生是未来构建两型社会的主力军和接班人，也是未来两型社会构建的创造者和低碳生活的引领者，两型社会的构建需要他们的智慧和才华、行动和参与。

案例呈现

湘潭："两型"水府生态优化
两型经济顺势上扬

（二）建设美丽中国呼唤

2012年11月8日，党的十八大提出："把生态文明建设放在突出地位，融入经济建设、政治建设、文化建设、社会建设各方面和全过程，努力建设美丽中国，实现中华民族永续发展。"这是美丽中国首次作为执政理念提出。2015年10月召开的十八届五中全会上，"美丽中国"被纳入"十三五"规划，首次被纳入五年计划。2017年党的十九大报告中强调："加快生态文明体制改革，建设美丽中国。"2018年3月"美丽""生态文明"历史性地被写入《宪法》。在2018年5月18—19日召开的全国生态环境保护大会上，习近平总书记强调我们要像保护眼睛一样保护生态环境,像对待生命一样对待生态环境,让自然生态美景永驻人间,还自然以宁静、和谐、美丽。

2020年10月,十九届五中全会提出:"到2035年,生态环境根本好转,美丽中国建设目标基本实现。"实现的阶段性目标,根据2020年2月28日国家发改委印发的《美丽中国建设评估指标体系及实施方案》显示,面向2035年,美丽中国要达到"空气清新、水体洁净、土壤安全、生态良好、人居整洁"五项标准,并分类细化到22项具体指(表0-1)。

表 0-1 美丽中国建设评估指标体系

评估指标	序号	具体指标(单位)	数据来源
空气清新	1	地级及以上城市细颗粒物($PM_{2.5}$)浓度(微克/立方米)	生态环境部
	2	地级及以上城市可吸入颗粒物(PM_{10})浓度(微克/立方米)	
	3	地级及以上城市空气质量优良天数比例(%)	
水体洁净	4	地表水水质优良(达到或好于Ⅲ类)比例(%)	生态环境部
	5	地表水劣Ⅴ类水体比例(%)	
	6	地级及以上城市集中式饮用水水源地水质达标率(%)	
土壤安全	7	受污染耕地安全利用率(%)	农业农村部、生态环境部
	8	污染地块安全利用率(%)	生态环境部、自然资源部
	9	农膜回收率(%)	
	10	化肥利用率(%)	农业农村部
	11	农药利用率(%)	
生态良好	12	森林覆盖率(%)	国家林草局、自然资源部
	13	湿地保护率(%)	
	14	水土保持率(%)	水利部
	15	自然保护地面积占陆域国土面积比例(%)	国家林草局、自然资源部
	16	重点生物物种种数保护率(%)	生态环境部
人居整洁	17	城镇生活污水集中收集率(%)	住房城乡建设部
	18	城镇生活垃圾无害化处理率(%)	
	19	农村生活污水处理和综合利用率(%)	生态环境部
	20	农村生活垃圾无害化处理率(%)	住房城乡建设部
	21	城市公园绿地500米服务半径覆盖率(%)	
	22	农村卫生厕所普及率(%)	农业农村部

未来五年,建设美丽中国,迈好"十四五"步伐最为关键。根据我国在经济、社会、生态文明等各个指标的发展趋势。"十四五"规划纲要提出,到2025年,全国地级及以上城市平均优良天数比例进一步提高85%,地表水达到或好于Ⅲ类的比例达到75%或以上,劣Ⅴ类比例进一步下降至小于3%,森林覆盖率达到24.1%,湿地保护率提高到55%,地级以上城市空气$PM_{2.5}$年均浓度下降10%,建设珍稀濒危动植物基因保存库、救护繁育场所,专项拯救48种极度濒危野生动物和50种极小种群植物,整治修复岸线长度400千米,

滨海湿地2万公顷，营造防护林11万公顷。

美丽中国是环境之美、时代之美、生活之美、社会之美、百姓之美的总和，包含空气清新、水体洁净、土壤安全、生态良好、人居整洁5类环境指标体系，是生态文明建设成果的集中体现，建设美丽中国，山要绿起来，人要富起来，其核心就是要按照生态文明要求，通过生态、经济、政治、文化及社会建设，实现生态良好、经济繁荣、政治和谐、人民幸福。可见，没有山清水秀就没有美丽中国，美丽中国呼唤生态文明建设。美丽中国包括以下两层含义：

1. 尊重自然、顺应自然、保护自然的生态文明建设理念

"美丽中国"首先指的是一个"天蓝、地绿、水净"的人化自然环境，体现了自然之美、生态之美以及人与自然的和谐之美。良好的生态环境是人类文明繁荣延续的基本物质前提，如果生态环境问题解决不好，经济发展、制度建设和文化创造都将无法实现，甚至最低限度的人类生存条件都难以得到保障，更谈不上社会和谐和人的发展了。因此，建设美丽中国的前提就是要按照生态文明的要求切实改善和保护生态环境和资源，为人的生产生活营建优美宜居的生存空间，为促进社会和谐和人的发展提供基本物质保障。"美丽中国"的构建必须以良好的生态环境为基础，以生态文明的进步为其根本特征。

2. 生态文明建设融入经济建设、政治建设、文化建设、社会建设各方面

"美丽中国"表征的不仅是一种优美宜居的自然生存环境，同时又是完美的自然环境和社会环境的结合，是一个以生态文明建设为依托，实现经济繁荣、制度完善、文化先进、社会和谐的全面发展的社会。建设美丽中国的深层内涵就是要以生态文明为导向，通过建设资源节约型、环境友好型社会，达到生产发展、生态良好、社会和谐及人民幸福这样一种社会状态。党的十八大报告明确指出，必须将生态文明建设"融入经济建设、政治建

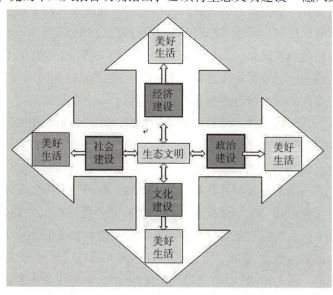

图0-1 "美丽中国"概念模型图

设、文化建设、社会建设各方面和全过程",实现"五位一体"的协同推进和全面发展,才能够真正构建起美丽中国。生态文明建设在"五位一体"中具有全局性和统摄性(图0-1)。

综上所述,一方面,良好的生态和资源环境是建设美丽中国最起码的物质条件和保障;另一方面,只有将生态文明建设融入经济建设、政治建设、文化建设、社会建设等各方面和全过程,真正意义上的"美丽中国"才有可能实现。优美宜居的生态环境是建设美丽中国的根本前提,持续稳定的经济增长是建设美丽中国的物质基础,不断完善的民主政治是建设美丽中国的制度保障,先进的社会主义文化是建设美丽中国的精神依托,和谐美好的社会环境是建构美丽中国的最可靠条件。"美丽中国"体现的是自然环境与社会环境有机统一的整体美,是时代之美、社会之美、生活之美、百姓之美、环境之美的总和。

(三)人的全面发展需要

生态文明的提出和实施,不仅大大促进了人类发展方式的转变,提升了人类发展的质量,推动了人类社会全面、协调、可持续的发展。而且还站在马克思主义人学理论的角度,从人的本质及其存在方式视阈阐释了人、自然、社会的辩证关系。生态文明将人的自由自觉活动实现作为贯穿于人、自然、社会相互联系的中心线索,进而将人的全面发展设立为生态文明建设的最高目标。

根据马克思主义唯物史观理论,物质资料生产方式是社会发展的主要决定力量。物质资料的生产方式是生产力和生产关系的统一体。其中生产力是指生产主体利用劳动工具对劳动对象进行加工的能力,表现为人与自然界之间的关系,是物质资料生产方式中的最高力量。从根本上说,生产力是指人与自然之间相互作用的现实关系和客观过程。并且这一过程在人类社会发展的不同历史时期表现是完全不同的。

在人类发展的童年时期,由于生产力水平低下,人类难以摆脱自然的束缚,因而只能被动适应自然界;随着人类生产力的发展和社会进步,通过漫长的劳动实践,人从被自然奴役的状态中逐渐解放出来,开始按照自己的需求和目的来改造自然;然而,这种人对自身能力的盲目崇拜正是滥觞之始。正如恩格斯当年发出的警示:"我们不要过分陶醉于我们人类对自然界的胜利。对于每一次这样的胜利,自然界都对我们进行报复。"生态文明理念的提出,代表着人们对人与自然关系的认识达到了一个全新的高度。这一时期,人类无需仰视自然,也不再俯视自然,而是开始平等相待,视之为密切相关的好朋友。在自然界逐渐被人化的过程中,人类在改造着自然,自然也在不断地塑造着人本身,人与自然和谐统一。

马克思认为,人的全面发展与社会发展是一致的,都是一个历史发展过程。在《政治经济学批判》中,马克思说:"人的依赖关系(起初完全是自然发生的),是最初的社会形态,在这种形态下,人的生产能力只是在狭窄的范围内和独立的地点上发展着。以物的依赖性为基础的人的独立性,是第二大形态,在这种形态下,才形成普遍的社会物质交换,全面的关系,多方面的需求以及全面的能力的体系。建立在个人全面发展和他们共同的社会生产能力成为他们的社会财富这一基础上的自由个性,是第三个阶段。第二个阶段为第三个阶段创造条件。"

通过对人与自然关系发展沿革以及马克思人的发展三阶段理论的对比分析，我们可以看到：人的发展与人对待自然的方式是密切相关的。在蒙昧时期，人类盲从于自然，因而人本身的发展是被动的、极其有限的、不自由状态；随着生产力水平发展到第二个时期，人类开始自大于自然界，获得了很大程度的自由度。但同时也因此而受到自然界的反制，环境污染、生态破坏，带给人们同样的不自由；生态文明强调人与自然和谐发展，不仅能满足人的物质需求，还能促进社会发展和人类进步，这与马克思的实现人的自由而全面发展的共产主义社会是具有内在一致性的。因此，推进生态文明建设也是促进人的全面发展的需要。进入中国特色社会主义新时代，我国社会主要矛盾已经转化为人民日益增长的美好生活需要和不平衡不充分发展之间的矛盾，生态文明建设更加着眼于满足人民日益增长的优美生态环境需要，加快发展方式绿色转型，集中攻克人民群众身边突出的环境污染和生态破坏问题。在让老百姓感受到生态环境质量改善的同时，增强全民节约意识、环保意识、生态意识，培育生态道德和行为准则，形成简约适度、绿色低碳的生活方式，构建全民共同参与的环境治理体系，实现人与自然和谐共生的现代化。

知识链接

生态文明语境下人的全面发展（节选）

二、大学生生态文明教育的核心目标

大学生作为未来社会发展的生力军，是推动生态文明建设的重要支撑力量。高校作为培养大学生的重要基地，其生态文明教育质量的高低将直接影响我国生态文明建设的推进速度。然而，生活于新时期的大学生，一方面，关注现实问题，观念新，行动快，热情高，是建设生态文明的新生力量；另一方面，也存在着生态知识缺乏、生态意识淡薄、环保态度冷漠、生活状况和行为方式与生态文明相悖等现象。因此，加强高校生态文明教育，提高当代大学生生态素养，必须强化大学生对生态知识的科学认知，培养大学生热爱敬畏自然的美好情操，帮助大学生树立良好的生态文明意识，促进大学生自觉践行生态文明行为，这是大学生生态文明教育的核心目标。

（一）强化大学生生态知识的科学认知

大学生对生态知识的科学认知，主要是指能够正确认识人与自然、人与社会的关系，掌握一定的生态学知识，具备环境保护相关知识与技能。生态学和人类生态学是生态文明建设的重要学科基础。从这个学科基础出发，并厘清人类文明与人类生态、工业文明与生态文明、生态建设与生态文明之间的内在逻辑关系，方能建立起大学生对生态文明知识的科学认知。

1. 生态学与人类生态学

生态文明首先离不开对生态学的认识。经典的生态学是研究生物与生存环境的关系。后来随着生态学研究的深化、拓展，出现了人类生态学的新学科，即将生态学的研究扩展到对人类与其环境关系的研究。这种拓展具有革命性的意义。首先，传统的生态学只局限于研究自然的生态系统，落脚点是自然界生物和生态系统；而人类生态学却以人类为研究的出发点和落脚点，以人类自身与环境的关系作主题，并且力图诠释作为"万物之灵"的人类在环境中的地位、定位和生态位的问题。其次，人类生态学将生态学的自然科学属性扩展到人文科学领域，研究的不只是人与自然环境的关系，还有人与社会环境的关系，更有与两者相互综合作用的关系。最后，人类生态学更关注的是人类的各种活动对环境的影响及其反馈，包括人口增加、资源开发、经济发展、人类行为、社会文化等对人类自身赖以生存的环境影响，特别是其负面的影响。因此，强化大学生生态知识的科学认知，应从生态学，特别是人类生态学视角出发，重点考察人与自然、社会之间的相互影响，有的放矢进行生态文明建设。

2. 人类文明与人类生态

人类文明已经经历了原始文明、农业文明和工业文明三个发展阶段，它们代表着人类不同的发展水平。人类文明与人类生态密切相连。首先，人类文明的发展，实际上是人与自然关系不断演化、深化、泛化的过程。表面上看，各种文明的差异好像表现在生产力的高低、产业结构的不同、社会形态的差异、科学文化的悬殊上，但实际上从原始文明自然崇拜，到农耕文明天定胜人，再到工业文明的人定胜天和生态文明的人与自然和谐，都是不间断的人与自然关系的思维脉络。其次，文明是对野蛮的否定，文明层次越高，开发自然、利用自然的水平就越高，作用范围就越大，人的社会性、文化性、技术性、智能性就越强。而且人类越发展，与自然的关系就越紧密，越敏感，越深刻，越无处不在，越是牵一发而动全身。最后，文明的进步，正是在于人类深化了对自然的认识，理性地认识了人与自然的关系，认识到人类自身的局限，懂得人只能适应自然过程，人不能违反自然规律。因此，强化大学生生态知识的科学认知，就是要让大学生认识到人类文明进步的重要表现正是认识到人的任何发展都离不开自然的支撑，认识到人的贪婪和对自然的危害，最终会归结为对人类自身的危害。

3. 工业文明与生态文明

从文明的历史承接来看，生态文明是在工业文明基础上发展而来的，是对工业文明的反思而选择的新的发展道路，从长远上看，生态文明必将取代工业文明，正像工业文明曾经取代农业文明一样。生态文明来自于工业文明而高于工业文明，生态文明继承工业文明丰富的物质支撑，批判、摒弃工业文明的弊端，反思工业文明人定胜天的思维，医治工业文明带来生态破坏和污染环境的创伤，还要进一步提升生态系统和自然界对人类的服务质量，提升人与自然的协调度、和谐度、安全度和幸福度，不仅要让人类享受到阳光与蓝天，安全的净水，健康的食品，清新的空气，而且要营造更符合人类生存、生活、健康、享受、愉悦的景观、生态和环境。要实现这些，必须在工业化的基础上，产业有新的提升，技术有新的突破，人的行为有新的升华，文化有新的意境，政治、经济、社会进入新的文明。因此，强化大学生生态知识的科学认知，还要让大学生懂得生态文明不是不要工业文明，而是继承工业文明的优秀遗产，同时去其糟粕，在工业文明的基础上，进一步优化工业、优化产业、优化经济，提升、提高产业和经济发展与自然的协调度。

4. 生态建设与生态文明

生态建设与生态文明相互联系：搞好生态建设，是生态文明的前提。反之，生态文明又是生态建设的目标。同时，二者又相互区别：首先，生态建设的任务，从当前中国的实际情况上看，不管是优化空间布局，环境整治，生态红线，生物多样性保护，都是具体的生态恢复与环境治理。基本上是对已受害生态系统的补偿、修复，是对过去不合理开发的纠正，与生态文明要求的层次相差甚远。其次，生态建设集中的任务，主要的目标是物质的，绝大多数是显性的，见得到的，工程项目容易立竿见影，能较好体现政绩。而生态文明主体是人的文明，文化文明，社会文明，反映的是经济、政治、文化、社会文明的综合结果，更多是抽象的、隐性的、长远的、软性的、行为的、深入人心，潜移默化的，很难在短期间内有明显的定量成果。最后，生态建设在世界众多国家已有成功经验，化解了生态危机，解决了环境污染，保障了饮用水卫生，空气清新、食品安全，培养了相对良好的环境意识，许多经验可以借鉴。但生态文明刚刚处于启蒙阶段，包括许多较好解决了生态建设和环境保护问题的国家和地区，至今没有一个敢标榜其已进入生态文明阶段和已建成生态文明。因此，强化大学生生态知识的科学认知，要让当代大学生懂得中国的生态文明之路才刚开始，没有成套成功经验可供借鉴，真正的生态文明建设还任重道远。

（二）培养大学生热爱敬畏自然的情操

自然对于满足人和人类社会生存发展是具有不可或缺的意义的。印度加尔各答农业大学德斯教授对一棵树的生态价值曾进行过计算：一棵50年树龄的树，以累计计算，产生氧气的价值约31200美元；吸收有毒气体、防止大气污染价值约62500美元；增加土壤肥力价值约31200美元；涵养水源价值37500美元；为鸟类及其他动物提供繁衍场所价值31250美元；产生蛋白质价值2500美元。除去花、果实和木材价值，总计创值约196000美元。由此可见，自然所产生的生态价值无比宝贵不可替代，当代大学生应热爱自然、敬畏自然。

1. 自然是人类赖以生存的先决条件和物质源泉

大自然包括山川河流、大地思想是行动的指南。森林、动物植物、矿产资源、空气、海洋、水等一切有机物、无机物在内的巨系统。这些资源本身具有经济价值、景观价值、环境价值、矿物价值、药用价值、资源价值等多种价值。仅以其中的水为例，水是生态之核、生命之源，在人类赖以生存的生态系统中，水是不可或缺的生命元素，是社会发展的基础与杠杆。水资源在自然界呈现出多种多样的功能特性，在人类社会活动、自然环境中具有城乡生活供水、农业用水、工业用水、水力发电、水上航运、生态环境用水以及水生养殖等多功能的作用，是人类社会和自然界所必需的基本资源。可见，自然生态具有一种天赋价值，这种价值是从它存在的那天起就拥有了，它不依赖人类而天然存在。当人类不能认识或理解其价值时，这种价值就以一种潜在的状态存在；当人类理解和认识到它的价值了，它便可以为人服务、为人类提供宝贵的资源或财富。

2. 自然环境对人类发展和生活具有多方面的价值

以森林的环境价值为例：森林提供了对人和动物的生命来说至关重要的氧气；森林可以吸收工业过程中排放的大量二氧化碳，有利于减低温室效应；森林能够吸收空气中的灰尘、细菌以及一些有害气体，就像大自然的肺，净化着我们呼吸的空气；郁郁葱葱的森林是块巨大的吸收雨水的海绵，它的根把从天而降的雨水送到地下，使之变为地下水，增加地球上的淡水资源；森林植物的叶面在光合作用过程中，蒸发出自身产生的水分。水蒸气进入大气之后，使空气湿润，有利于降雨和调节气候；森林是地球上生物繁衍最为活跃的区域，尤其是热带雨林，它养育着5百万以上不同种类的动植物；森林使地球免遭风暴和沙漠化（图0-2）。环境对人类发展的价值可以分为内在价值与外在价值两个方面。从内在价值的角度来说，良好的自然生态环境，使人拥有赏心悦目、舒适健康的生活条件与自然景观。从外在价值来说，人能从自身所处的环境中攫取的资源数量很大程度上取决于洁净的水、清新的空气、便利的交通等条件。综合起来说，环境价值是自然价值与劳动价值、资源价值与生态价值的有机叠加。

图 0-2　美丽的森林

3. 生态破坏给人类带来严重危害

生态破坏是指人类不合理的开发、利用造成森林、草原等自然生态环境遭到破坏，从而使人类、动物、植物的生存条件发生恶化的现象。如水土流失、土地荒漠化、土壤盐碱化、生物多样性减少等。环境破坏造成的后果往往需要很长的时间才能恢复，有些甚至是不可逆的。据估计，世界平均每天有一个物种消失。而且，人为因素造成的物种灭绝速度是自然灭绝速度的1000倍。2000多年来，已知有139种鸟类、110种哺乳动物灭绝了，其中近1/3的物种是在近几十年中消失的。还有600多种大型动物面临灭绝的危险。日益恶化的生态环境，越来越受到各国的普遍关注。更多的人开始认识到，人类应当不断更新自己的观念，随时调整自己的行为，以实现人与环境的和谐。保护环境也就是保护人类生存的基础和条件。人类只有一个地球，生态破坏已经给人类带来严重危害。为了在自然界里取得自由，人类必须利用知识在与自然协调的情况下，建设一个良好的环境。

自然是人类赖以生存的先决条件和物质源泉，自然环境对人类发展和生活具有多方面的价值。历史事实已经证明，人类每一次进步和发展，都离不开生态环境各要素的"综合支持"。然而，随着科学技术的进步，人类改造世界能力的增强，人类活动开始严重影响着生态环境，气候变暖、资源匮乏、物种灭绝、环境污染、土地沙化、水土流失、沙尘暴……全球生态问题日益突出。高校生态文明教育需要让当代大学生认识到自然于人类的不可替代的宝贵价值，并且感恩自然、珍视自然，摒弃人类中心主义，培养自身热爱自然、敬畏自然的良好道德情操，为推进生态文明建设贡献自己的力量。

知识链接

瓦尔登湖（节选）

美国作家梭罗在哈佛大学接受了大学教育，却自愿到荒凉的瓦尔登湖边隐居、过着像原始部落那样简单的生活。《瓦尔登湖》就是描述他在瓦尔登湖湖畔一片再生林中度过两年又两个月生活以及期间他的许多思考所形成的著名散文集。他告诉我们：当自然越来越远的时候，当我们的精神已经越来越麻木的时候，如何才能回归我们心灵的纯净世界。

（三）帮助大学生树立生态文明意识

生态环境问题是全人类共同面临的问题。生态文明建设是关系国计民生、子孙后代的重大战略。生态文明建设关乎全社会每一个人的切身利益，而大学生又是未来社会发展的生力军，只有大学生树立了生态文明意识，并将其转化为自身行动的行为规范，用生态文明意识约束自己的行为并监督他人的行为，积极参加到生态文明建设活动中去，社会主义生态文明建设才有可能实现。大学生生态文明意识的培养包括以下三个方面：

1. 生态文明科学意识培养

大学生生态文明科学意识的培养，主要是培养大学生对生态文明和环境问题的科学认知。除了学科基础和宏观认识以外，大学生科学意识培养的重点是基本的生态文明知识。基本的生态文明知识是人类正确认识生态环境问题的最基本要素，只有掌握科学的生态文明知识，人们才能认清什么样的问题能称之为环境问题，并且辨别自己的行为是否影响了生态文明的建设。

培养大学生的生态文明科学意识，首先要让大学生认识到人是自然的一部分，人类无法脱离自然，人们能通过劳动改造自然，却不能超越自然。生态文明就是要促进人、自然、社会全面发展的文化形态。其次要提高大学生的资源环境意识，强化其生态文明观念。我国虽然幅员辽阔，物产丰富，但是我国人口数量多，人均资源少，而且污染严重，这些现实问题都造成了对于我国自然资源和生态环境的巨大压力。人类必须加以保护和珍惜利用有限的自然资源，开发新能源。只有具备了基本的生态文明知识，树立了科学的生态文明意识，人们才能认识到人与自然环境的密切关系，才能积极主动地保护自然、找出可以利用的可再生资源来替代非可再生资源，缓解地球压力，使资源能进入一个恢复期，同时又不影响人类社会经济的发展，真正做到人与自然、社会的可持续发展。

2. 生态文明道德意识培养

道德是一种社会意识形态，它是调节人与人之间利益关系的行为准则与规范。道德以善恶为标准，依靠宣传教育、社会舆论、传统习俗和内心信念等调整人与其他社会关系的范畴。在人类社会发展过程中，人与自然同样存在着各种各样的联系，也会产生各种各样的矛盾，这就需要生态文明道德规范来进行调节。生态文明道德意识是指人们在处理生态环境利益关系的一种行为准则和规范。培养大学生的生态文明道德意识主要是培养大学生较高的生态文明道德修养，从而使其自觉地按照生态文明建设的规则来规范和约束自己的行为，实现积极的生态文明行动。培养大学生的生态文明科学意识，能够帮助青年学生从实际出发，运用所学知识解决生态环境的具体问题；培养大学生的生态文明法律意识，能够帮助青年学生知法懂法，通过强制性的手段解决生态问题；然而，科学和法律之间存在一个"空场"，对于一些既不属于科学范畴，也不属于法律范畴的有害生态建设的行为发生时，道德意识就显得尤为重要，它对个人行为具有不可小视的约束力。

培养大学生生态文明道德意识应从以下四个方面入手：首先，帮助大学生认识到自然生态是人类生存环境的重要要素，良好的生态环境是人类生存之本，是人类保持身心健康改善生活质量和获得生活安康的重要条件；其次，帮助大学生认识到要珍惜自然资源，合理地开发利用资源，尤其是珍惜和节制非再生资源的使用与开发；再次，帮助大学生认识到要维护生态平衡，珍惜与善待生命，特别是濒危和珍稀动物生命；最后，帮助大学生认识到要依靠科学技术社会生产力的发展，不断美化和创新自然，促进生态环境的良性循环。总之，生态文明道德意识是人与自然之间道德关系的要求和体现，把人与自然的关系纳入社会道德，要求人们自觉承担起对自然环境保护的责任，体现了人类道德进步的新境界，体现了人类自我完善的新发展。

3. 生态文明法治意识培养

生态文明法治意识指的是通过法律强制性的手段来提高人们的生态文明意识。当前，我国环境保护方面的法律法规已经建立起来，其内容涉及大气、海洋、水、土地、矿藏、山脉草原、动植物资源、森林草原等各个层面。包括《中华人民共和国环境保护法》《中华人民共和国大气污染防治法》《中华人民共和国海洋环境保护法》《中华人民共和国野生植物保护条例》等。这些法律确保了社会主义生态文明建设的有法可依，同时，在制度上也为公民的生态文明意识培养提供了保障。

培养大学生生态文明法治意识主要要考虑以下两大问题：首先，基本的生态文明法制知识普及教育。青年学生能够意识到环境法律法规在生态文明建设中的重要性，但对具体相关的政策法规却知之甚少。大部分人认为只有企业生产产生的废水、废气和固体废弃物是破坏生态环境的首要原因，但对个体生活中因为缺乏环境法律知识导致的环境破坏并不了解。其次，基本的生态文明维权意识教育。公民既享有个人居住的生态环境不受污染和破坏的权利，又有保护生态环境的义务。当人们追求良好生态环境的权利受到侵犯的时候，就应该运用法律的武器来维护自己的合法权益。人们要想维护这种合法权益，就必须要建立在对环境法律知识的知晓和理解的基础之上。但是在现实中，人们往往忽视了自己具有享受良好生态环境的权利，不知道自己的合法权益已经或者正在受到侵害，有些人即便知道，也没有依法保护自身利益的法律意识。

知识链接

《中华人民共和国环境保护法》（总则）

（四）促进大学生践行生态文明行为

环境学家曲格平先生曾经说过："要解决环境危机，人类必须首先进行一场深刻地行为变革，创建一种以保护地球和人类可持续生存与发展为标志的新道德和新文明。"因此，促进大学生践行生态文明行为，提升大学生生态文明素养，对变革人们不良生态方式，推进生态文明建设具有重要意义。当然，大学生生态文明行为的养成并非一日之功，它受多种因素的影响，是一个循序渐进的复杂递进过程，由教化、示范、养成三个重要因素构成。

1. 生态文明行为的教化过程

教化是一种有意识有目的的教育，是学校对学生进行的针对性教育。它把具体的行为教育内容通过多种多样的形式灌输到学生的观念之中，使之形成正确的观念意识，从而产生良好的行为。生态文明行为的教化过程也是如此。首先，大学生生态文明行为教化要明其事，明其理。宋代大教育家朱熹曾经说过："古者初年入小学，只是教之以事，如礼乐射御书数，及孝悌忠信之事。自十六七入大学，然后教之以理，如致知、格物及所以为孝悌忠信者。"也就是说，教育大学生不能像小学生那样知其然而不知其所以然，不仅要明其事，还要明其理。这样才能使其生态文明行为内化于自身，成为一种自觉的行动。其次，大学生生态文明行为教化要从遵守基本的生态文明规定开始。遵循生态文明倡导的规范是生态文明行为培养最基础的要求。行为没有约束的时候是可为可不为的，有些需要道德自觉而为的行为不能保证每个人都能践行。只有人人遵循应有的行为规范，才能形成一种良好的社会风气。在学校中只有每个学生都自觉遵守生态环保的管理规定，才能形成生态文明校园之风。最后，增强生态文明认同是大学生生态文明行为教化的重要内容。生态文明行为有一个重要特点，就是行为价值具有潜在性和长期性，它着眼于大多数人的长远利益，其意义与中华民族传统文化所提倡的"前人栽树，后人乘凉"的价值观一脉相承。生态文明建设与每个人都息息相关，每个人都有参与的必要性。总体来说，生态文明行为从深层次价值观中体现了人性中真善美的崇高的一面。只有大学生深刻的理解了这些，才会产生稳定的生态情感，增加对生态文明的认同，从而催化生态文明行为的养成。

2. 生态文明行为的示范过程

示范是把教育的理论内容、抽象的道德标准人格化，通过教育者的模范行为和优秀品德影响学生的思想、情感和行为，以达到教育要求的方式。生态文明行为的示范过程是指通过将生态文明行为的标准人格化，以教育者的榜样行为对被教育者做出示范的过程。孔子说："其身正，不令而行；其身不正，虽令不从。"强调的就是教育者示范作用。首先，在学校教育过程中，教师作为主体，他的言行举止对受教育者的行为起着导向作用，有着比任何语言都巨大的影响力。正如俗话所说："喊破嗓子，不如干出样子。"教育工作者的主要工作是为人师表，教师应以自己的"身教"为学生做出良好示范。其次，学校各级管理人员以及教师，应以自己的行为建设一个氛围良好的校园行为环境，这个环境对学生的行为也有潜移默化的作用。有个著名的倒垃圾效应说的是：一个干净的墙角，如果一直没人倒垃圾就一直干净着，一旦有人哪怕倒了一点垃圾，没有人制止或者打扫干净，用不了多久，这个墙角就会成为垃圾山。茅于轼也在他的《中国人的道德前景》一书中举这样一个例子：领一群小学生到公园去玩，教师告诉孩子们，在公园里不许乱扔果皮纸屑。当孩子们来到一所卫生很差、满地肮脏的公园时，孩子们会忘记老师的叮嘱，而和之前扔了脏东西的人一样，随便扔脏物。相反，如果孩子们来到一座卫生状况良好的公园，甚至不用教师提醒，孩子们也会自动保持公园的清洁。可见，生态环境和教育工作者的示范功能明显。

3. 生态文明行为的养成过程

养成是指在思想观念教育的基础上，通过行为训练、严格管理等多种教育手段，使受教育者在日常生活、工作和学习中形成自觉遵守多种制度规范的良好道德品质和行为习惯的一种教育。同样，生态文明行为的养成也是这样一个过程。通过生态文明行为的教化和示范过程，加强了大学生对生态文明行为的认知和生态情感的认同，最终，生态文明教育的落脚点就是生态文明行为的养成。大学生生态文明行为养成的主要内容包括：首先，养成节约不浪费的好习惯。节约用水用电，不浪费水资源，洗漱、洗衣服、洗浴的过程中，合理适当的用水，随手关掉水龙头；不在寝室使用违规电器、大功率电器，做到人走灯灭，关掉空教室里的亮灯。节约粮食，积极响应光盘行动，每次用餐合理饮食，吃多少取多少，不浪费。其次，践行低碳生活。外出购物使用环保购物袋，平时不使用一次性塑料袋，不制造白色垃圾，低碳出行。再次，爱护环境卫生。不乱扔垃圾，废旧电池回收处理，废旧物品回收利用等。此外，行为变成了习惯才能永久。因而，只是让大学生有良好的生态文明行为是不够的,更重要的是要引导他们将行为变成习惯。良好的生态行为习惯是生态素质的表现,培养大学生生态文明行为的最终目的就是为了使每个人都有践行生态文明的行为能力和良好习惯,行为不再需要各种规范的硬性要求,生态意识内化为生态情感,外显成生态行为。当生态文明行为成为一种习惯,使用绿色产品是自觉的,低碳出行是平常的,爱护动植物是自然的,勤俭节约是自豪的。只有这样,真正的生态文明行为才能养成,大学生生态文明教育的核心目标也才能实现。

第一章
什么是生态文明

第一节 生态文明的内涵

党的十九大报告指出:"人与自然是生命共同体,人类必须尊重自然、顺应自然、保护自然,""加快生态文明体制改革,建设美丽中国。"随着建设生态文明相关政策措施的制定和推行,建设生态文明成为全社会的共识。

一、生态文明的概念

(一) 生态文明的定义

生态文明是人类在改造客观物质世界的同时,不断克服改造过程中的负面效应,积极改善和优化人与自然、人与人的关系,创建有序的生态运行机制和良好的生态环境所取得的物质、精神和制度方面成果的总和。

"生态文明"这一理念的产生、形成与发展,认知、认同、实践与总结经历了一段漫长的时间。从词面上讲,作为复合词,"生态文明"由"生态"与"文明"两个词复合而成。

"生态"一词最初源于古希腊,意思是指家或我们生存发展的环境。一般来讲,生态就是一切生物的生存、生活状态。即在一定的生长环境下,生物为了生存与发展,相互间关联、依存的状态,它按照自在自为、客观存在的发展规律存在并延续至今。人类作为自然发展的产物,也是生物圈的自然组成部分,不过,人的生理能力与自然界中其他动物相比,非常的弱小,如猎豹奔跑的速度、狗嗅觉的灵敏度、蝙蝠的超声波定位……为了生存与繁衍,人类以群居方式生活,以自身的劳动发展自己,逐渐形成人类特有的思维能力与主观能动性,并通过发展思维与主观能动性,提升自己行为能力,使人类逐渐走上当前世界生物金字塔的最顶层。

作为人类求生存、求发展的成果,文明是人类改造世界的物质与精神成果的总和,是人类社会发展程度和社会进步的标志。

在东方文化中,"文明"一词,最早出自《易经》,在《周易·乾·文言》中:"见龙在田,天下文明。"文明在此取"文采光明"之意。隋唐人孔颖达释意说:"天下文明者,阳气在田，始生万物，故天下有文章而光明也。"南朝人宋代文学家鲍照的《河清颂》中说到："泰阶既平，洪水既清，大人在上，区宇文明。"唐人李白在《天长节使鄂州刺史韦公德政碑》中说到："以文明鸿业，授之元良。"后来"文明"的词义发生了演变，指称文治教化。例如，前蜀人杜光庭《贺黄云表》中说到："柔远俗以文明，慑凶奴以武略。"元人刘埙《隐居通议·诗歌二》中说到："想见先朝文明之盛，为之慨然。"宋人司马光《呈范景仁》中说到："朝家文明所及远，於仿台阁尤蝉聊。"至清人李渔的《闲情偶寄》中说到："求辟草昧而致文明，不可得矣。"清末人秋瑾在《愤时迭前韵》中说到："文明种子已萌芽，好振精神爱岁华。"则指一种发展水平高、有文化的状态，这一阐述与现在的"文明"意义相近。

（二）生态文明的意蕴

生态文明是人类对物质文明的反思基础上对人与自然关系历史的总结和升华。人类应遵循和谐发展的客观规律，尊重自然，通过科技创新和制度创新，建立可持续的生产和消费方式，来维护人类赖以生存发展的生态平衡，实现人与自然、人与人和谐共生、全面发展、持续繁荣。

一是和谐的文化价值观。人类应发挥自己的主观能动性，树立起符合自然生态法则的文化价值需求，深刻体悟到自然是人类生命的依托，破坏自然就是破坏人类自己的家园，自然的消亡也必然导致人类自身无法生存，直至生命系统的消亡，体悟生命、尊重生命、爱护生命，并不是人类对其他生命存在物的施舍，而是人类自身生存、发展和进步的需要，把对自然的爱护提升为一种不同于人类中心主义的宇宙情怀和内在精神信念。

二是可持续生态生产观。资源，特别是不可再生资源是有限的，而人类可支配的资源更加有限，人心不足蛇吞象，盲目地开发、使用、浪费资源无异于人类的集体自杀，生态文明要求人类遵循生态系统是有限的、有弹性的和不可完全预测的原则，在人类的生产劳动中，要秉持最大的节约、对环境影响最小和再生循环利用率最高理念。

三是适度的消费生活观。倡导生态文明并非阻止人类正常的消费与生活，而是提倡在人们以"有限福祉"的生活方式替代过去的不合理的生活消费方式。人们的生活追求不再是一味的对物质财富的过度享受，而是一种既满足自身正常生活的需要、又不破坏自然生态平衡，既满足当代人的生存与发展需要、又不损害后代人继续生存与发展的需要。这种公平、平衡和共享的道德理念，成为人与自然、人与人之间和谐发展的规范。

二、生态环境与生态文明

（一）生态、环境与生态环境

1. 生态与环境的辨析

生态和环境其实是两个完全不同的概念。生态是指各种生命支撑系统、各种生物之间物质循环、能量流动和信息交流形成的统一整体。环境是一个相对的概念，主体不同，环境内涵不同，即使是同一主体，由于对主体的研究目的及尺度不同，环境的分辨率也不同。如对生物主体而言，生物环境可以大到整个宇宙，小至细胞环境。对太阳系中的地球生命而言，整个太阳系就是地球生物生存和发展的环境；对某个具体生物群落而言，环境是指所在地段上影响该群落发生发展的全部有机因素和无机因素的总和。相对人而言，环境指的是人类生存的物质条件，是生态系统中直接支撑人类活动的部分，可分为自然环境、经济环境和社会文化环境。

生物的生存、活动、繁殖需要一定的空间，生物在长期进化过程中，逐渐形成对周围环境某些物理条件和化学成分，如空气、光照、水分、热量和无机盐等的特殊需要。各种生物所需要的物质、能量以及它们所适应的理化条件是不同的，所以它们将作用于环境然而环境反过来也会对生态产生影响，因此，出现了一系列生态与环境的关系。

2. 生态系统与环境系统

生态系统是包括特定地段中的全部生物和物理环境的统一体，是一定空间内生物和非生物成分通过物质的循环、能量的流动和信息的交换而相互作用、相互依存所构成的一个生态学功能单位（图1-1）。其功能特点是生物生产、能量流动、物质循环和信息传递；而环境系统是一个复杂的，有时、空、量、序变化的动态系统，系统内外存在着物质和能量的变化和交换。其功能特点是整体性、有限性、不可逆行、隐显性、持续反应性、灾害放大性。从这个意义上讲，生态和环境的相似之处更为明显，它们都包括物质的循环和能量的流动，并以此作为存在和发展的基本特点。

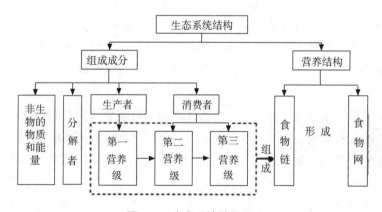

图1-1　生态系统结构图

生态系统实际上就是一定地域或空间内生存的所有生物和环境相互作用的、具有能量转换、物质循环代谢和信息传递功能的统一体。例如，森林是一个具有统一功能的综合体。在森林中，有乔木、灌木、草本植物、地被植物，还有多种多样的动物和微生物，加上阳光、空气、温度等自然条件。它们之间相互作用，是一个实实在在的生态系统，草原、湖泊、农田等都是这样。由此可见环境是生态的基础，生态重点强调生物与环境的关系。此外，生态与环境的相似之处还表现在其特征上。它们均是开放的系统，系统都是处于动态平衡之中，都具有自动调节能力，而且均具有一定的区域特性，即因时因地而不同。在实践中，生态和环境的界限似乎越来越被忽视，人们常常以环境改善取代生态建设，造成"局部环境好转，整体生态恶化"的情况。而在评价上，仅以环境质量来衡量生态文明建设水平。

3. 生态环境

生态环境是指由生物群落及非生物自然因素组成的各种生态系统所构成的整体，是生物及其生存繁衍的各种自然因素、条件的总和，生态环境由生态系统和环境系统中的各"元素"相互作用，共同组成。人类离不开环境，生态环境间接地、潜在地、深远地影响着人类的生存和发展。一旦生态环境被破坏，虽然人类可以通过各种科技使自己看上去暂时免于伤害，但最终仍然会导致人类生活环境的恶化，影响到人类的生存与持续发展。因此，环境和生态环境问题牵一发而动全身，要保护和改善生活环境，改善和提升人类居住环境，就必须保护和改善生态环境。生态环境与自然环境虽然在含义上十分相近，但是，从严格意义上来讲，生态环境并不等同于自然环境，两者有着较大的差别。其中，自然环境的外延比较广，各种天然因素的总体都可以说是自然环境，但只有具备一定生态关系构成的系统整体才能算得上是生态环境。仅有非生物因素组成的整体，虽然可以称为自然环境，但并不能叫做生态环境，例如，火星上面的地容地貌，都是自然环境的存在，但目前不能居住。

（二）生态文明为生态环境保护指明方向

生态环境保护作为建设生态文明的主阵地和根本措施，是生态文明理念思想内涵和根本目的的内在要求。由于某种原因，人类在生态环境保护上曾经有过愚昧、迷茫与失误，致使生态环境问题不断并呈日益恶化趋势。生态文明理念的产生与普及，是人类在自我发展中的自我修复与完善，也为生态环境保护界定了路标，指明了方向。作为我国一项重大和系统的国家战略，生态文明建设涉及人类经济社会发展的全局和各个领域，而生态环境保护以其在基础保障和优化调控等方面的重要作用，成为生态文明建设宏大战略中无可替代的主阵地。建设生态文明，需要以保护生态环境为前提，在生态环境方面进行系统的政策设计、制度安排和深入实践，统筹考虑生态可持续发展与保护的关系。

生态文明的提出，为解决发展中的环境问题提供了理论和方法指导。在过去的发展历程中，由于生态文明意识不强，没有充分注意选择科学合理的发展模式，对生态环境关注不够，大多采用低水平、低效率的粗放型经营方式，引发了一系列环境问题，严重影响了人民群众生活质量的持续提高。这些问题对我国经济社会的发展带来的负面效应与日俱增，因此，必须加强生态文明建设，以生态文明引领经济与社会建设，以生态文明指导生态环境保护，在实现经济与社会建设目标的同时，采取切实有效的措施，明显改善生态环境质量，努力建设资源节约、环境友好型社会，实现人与自然的和谐共存、共生。

（三）生态环境和谐是生态文明建设所归

生态环境保护是生态文明建设的根本措施。在改革开放几十年里，我国环境恶化、生态破坏越来越严重。一系列数据与现实表明，生态问题已经不是一个简单的环境保护的问题，也不是一个可以忽略不计，可以置之不理的问题，既是一个重大的政治问题，也是影响中国可持续发展的生存与发展问题。胡锦涛同志对我国发展道路曾有过这样的评述，他说：原来我们是"加速发展"，后来是"更快更好的发展"，这次提出"又好又快的发展"，把"好"提到前面，意思是要注重发展的质量、发展的效益，是和"生态文明"相呼应的。

生态文明建设的目标就是生态环境和谐。社会主义和谐社会是人类孜孜以求的一种美好社会，是我们党不懈追求的一种社会理想。和谐社会一是体现为个人自身的和谐，二是要实现人与人之间的和谐，三是要达成社会各系统、各阶层之间的和谐，四是要促成个人、社会与自然之间的和谐，五是要建立整个国家与外部世界的和谐。全面建设小康社会将为实现社会主义和谐社会提供可能，为达成这一奋斗目标，必须建立在生态环境和谐基础上实现社会和谐发展，在生态环境保护方面，一是要把国民经济存在的问题与环境保护联系起来，在分析前进中面临的困难和问题中防止经济增长的资源环境代价过大；二是要把环境保护作为经济又好又快发展的重要抓手，在优化结构、提高效益、降低消耗、保护环境的基础上，实现人均国民生产总值到2020年比2000年翻两番；三是要把建设生态文明教育、宣传与建设作为全面建设小康社会的五大要求之一，使主要污染物排放得到有效控制，生态环境质量明显改善。生态文明观念在全社会牢固树立；四是要着力建设资源节约型、环境友好型社会，要完善有利于节约资源和保护生态环境的法律和政策，加快形成可持续发展体制机制，落实节能减排工作责任制；五是在对外关系方面，强调在环境保护问题上相互帮助、协力推进、共同呵护人类赖以生存的地球家园。

三、生态文明的愿景展现

（一）人与自然的和谐生态

正确处理人与自然的关系，与自然融洽共处，共生共荣是生态文明建设的根本之一。建设生态文明，需要将生态文明理念扩展到社会管理的各个方面，渗透到社会生活的各个领域、各个环节，成为广泛的社会共识。

1. 和谐共生的绿色理念

绿色理念即生态理念，是人们正确对待生态问题的一种进步的观念形态，包括进步的生态意识、生态心理、生态道德以及体现人与自然平等、和谐的价值取向，环境保护和生态平衡的思想观念和精神追求等。自然是人类赖以生存的根本，"皮之不存，毛将焉附"。没有了自然，人类也不再存在。反思过去，正视现实，只有尊重自然，才能从内心深处出发，与自然和谐相处，才能清醒地认识到人类自己是自然的一部分，深刻认识到一切生命都是值得珍惜的、不可缺少的、应该尊重的，改变传统的"向自然宣战""征服自然"等落后思想，真正地树立起以科学发展观为指导的"人与自然和谐相处"理念。

2. 节能减排的绿色生产

建设生态文明前提是发展，人类的存在同样也需要发展，只有发展，才能不断满足人民群众日益增长的物质文化生活需要。生态文明建设要求从人类发展需要出发，在生态文明理念的指导下，致力于消除经济发展与活动对大自然生态稳定与和谐构成的破坏，逐步形成与生态相协调的生产生活与消费方式。传统领域的工业文明固然能使经济快速增长，带来物质上的富裕增加，但人类却感受不到享受物质财富的安全感、幸福感与痛快感。如果不能按生态文明的要求及时予以矫正，经济社会发展将不可持续。目前，我国已经把保护自然环境、维护生态安全、实现可持续发展这些要求视为发展的基本要素，提出了通过发展去实现人与自然的和谐以及社会环境与生态环境平衡的目标。这就需要我们在发展的同时，保护好人类赖以生存的环境；转变经济发展方式，走生态文明的现代化道路；把经济发展的动力真正转变到主要依靠科技进步、提高劳动者素质、提高自主创新能力上来，以最小的资源消耗及环境代价获得最大的经济效益、生态效益和社会效益。经济发展与生态保护不是一个绝对的矛盾体，在处理两者关系时，要防止重经济发展轻生态保护的现象，必须彻底摒弃靠牺牲生态环境来实现发展，先发展后治理等传统的发展观念和发展模式。也要防止重生态而停止经济发展，从一个极端走向另一个极端，以停滞经济发展来实现生态环境保护，同样不可持续。生态文明建设就是要把经济发展和生态保护统一在可持续发展的平衡点上，以生态环境保护促进经济社会又好又快发展，实现经济发展和生态环境保护的双赢。

3. 天人合一的绿色生活

绿色生活观念强调人与自然的和谐相处，要求我们养成绿色生活方式，文物质层面上，就是适度消费，尽量减小环境代价。"没有买卖就没有杀戮，没有买卖就没有破坏。"在生态文明建设中，人类可以以自己绿色消费行为与习惯，反制工业生产，对生产厂商形成直接压力，迫使其改进技术，提高商品的生态性，以促使生产领域更生态、更环保。所以，大力倡导消费者的绿色消费行为对于缓解生态和环境危机具有重要的现实意义。要推行绿色消费，需要建立一个绿色消费的社会氛围，让消费者拥有绿色消费的认知。政府、媒体、社区多位联动，经常开展绿色消费的活动，促进绿色消费观深入人心，公民除了自己养成绿色消费的习惯外，还需要积极参与生态环境的治理，通过投票、谈判协商、参与听证会和民意调查、关注政策的制定和实施等，使公民以其新的管理理念和管理模式为生态环境治理注入新的活力，从而提高生态环境治理的效能。人类依赖自然万物而生，又受自然的制约。自古以来，我国对绿色生活就有朴素认识，人们也一直在践行着取之有度、用之有节的生活理念。老子的"天人合一、道法自然、抱朴见素、少私寡欲"，荀子的"从人之欲，则势不能容，物不能赡"，孟子的"苟得其养，无物不长；苟失其养，无物不消"，都是我国传统文化留下的宝贵财富。当前，生态环境已成为全面建成小康社会的短板和瓶颈制约，推动生活方式绿色化，实现生活方式和消费模式向低碳绿色、文明健康的方向转变，力戒奢侈浪费和不合理消费，已是形势使然、民意所指、民心所向。

（二）人与社会的和谐共处

1. 生态宜居的生态城市

生态城市是一个崭新的概念，是一个经济发展、社会进步、生态保护三者保持高度和谐、技术和自然达到充分融合、城乡环境清洁、优美、舒适，从而能最大限度地发挥人类的创造力、生产力,并促使城镇文明程度不断提高的稳定、协调与永续发展的自然和人工环境复合系统。是按生态学原理建立起一种社会、经济、自然协调发展,物质、能量、信息高效利用、生态良性循环的人类聚居方式。这个系统不仅强调其重视自然生态环境保护对人的积极意义,更重要的是借鉴于生态系统的结构和生态学的方法,将环境与人视为一个有机整体。这个有机整体有它内部的生态秩序,有生长、发展、衰亡的过程,有同化作用和异化作用共同组成的新陈代谢。

2. 合作治理的绿色行政

绿色行政就是行政人员提高自己的环境意识和政策水平,以绿色方针、绿色计划、绿色政策和绿色管理为理念,促进建立一个利于社会、经济、生态和谐发展的决策机制和运行机制等。在现代社会里,单一的行为很难完全掌握解决多样化、综合性、动态的问题所需的知识和信息,也没有足够的知识与能力去应用所有的工具。在治理复杂的公共问题过程中,政府应充分组合起各种行政资源,以每个参与主体各尽其责,发挥各自优势,做到优势互补,节省治理成本。在制定政策、实施政策时都要以生态环境保护为基本出发点,不仅要做到绿色行政,更要积极践行绿色生产、绿色宣传、绿色参与、绿色消费和绿色智慧。

绿色行政认为消费是污染的根源,实现可持续社会必须减少个体的物质消费;技术的进步不仅不能满足人类无限的需求,也不会像环境主义所说的可以解决一切产生的生态和环境难题",以更多的 "能源和物质投入因而出现更多的污染" 为代价。绿色行政认为经济增长和人类发展只有在一定限度内才具有持续性,而且这一可持续发展必须深刻改变人类与自然的现阶段关系和人类的社会与政治生活模式(图1-2)。

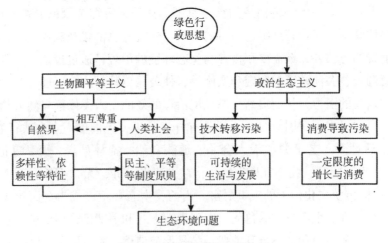

图1-2 绿色行政思想架构图

3. 深入内心的生态文化

生态文化是有关生态的一种文化,是人们在认知生态、适应生态、利用并改造生态过程中所创造的一切成果。适宜的生态以绿色为主要标志,因此,生态文化也可称为绿色文化。

人类主要靠文化来适应、利用并改造环境，在对地球生态环境的生态适应进程中，人类创造文化来指导同伴适应自己的生存环境，并通过文化来改造生存环境，使之更适合自己的发展。这一进程是从模糊到清晰、从不自觉到自觉、从必然王国向自由王国过渡的认知过程。随着这一进程的递进，人类越来越感觉到离不开地球，离不开自己生存的环境。生态文化作为人们修复因旧文化而对环境造成破坏的新文化，越来越深入人心。

4. 尊重环境的生态法制

生态文明必须有一套完善的有利于保护生态环境、节约资源能源的政治制度和法规体系，用以规范社会成员的行为，确保整个社会走生产发展、生活富裕、生态良好的文明发展道路。其中，最重要的是健全和完善与生态文明建设相关的法制体系，重点是要突出强制性生态技术、生态标准法制的地位和作用。建设生态文明，要求人类选择有利于生态安全的经济发展方式，建设有利于生态安全的产业结构，建立有利于生态安全的制度体系，逐步形成促进生态建设、维护生态安全的良性运转机制，使经济社会发展既满足当代人的需求，又对后代人的需求不构成危害，实现生态权利的代际公平。

四、习近平生态文明思想

党的十八大以来，习近平总书记站在人类文明演进的高度，对当代中国的生态文明建设发表了系列重要讲话。2013年4月2日在参加首都义务植树活动时强调"为建设美丽中国创造更好生态条件"；2013年5月24日在主持十八届中央政治局第六次集体学习时强调"努力走向社会主义生态文明新时代"；2013年7月18日在致生态文明贵阳国际论坛2013年年会的贺信中指出"为子孙后代留下天蓝、地绿、水清的生产生活环境"；2013年9月7日在哈萨克斯坦纳扎尔巴耶夫大学发表演讲并回答学生们问题时提出了"绿水青山就是金山银山"的论断；2014年2月提出"环境治理是个系统工程"；2015年1月在云南大理市湾桥镇古生村考察工作时提出了"山水林田湖是一个生命共同体"的论述。这些讲话集中解析了生态兴衰与文明变迁、生态文明建设与中华民族伟大复兴之间的耦合关系，形成了其生态文明建设思想。

（一）习近平生态文明思想的理论内涵

2018年5月18日，习近平总书记在全国生态环境保护大会发表重要讲话，标志着习近平生态文明思想正式确立。习近平生态文明思想从中国特色社会主义战略全局出发系统论述了生态文明建设的重大意义、方针原则、目标任务和历史使命，对人与自然辩证统一关系做出新思考，形成了当代中国的社会主义生态文明建设体系。

1. 阐明了生态生产力理念：生态环境也是生产力

习近平总书记继承了马克思"自然界本身的生产力"思想，并将马克思主义生产力理论同我国实际情况相结合，形象深刻地通过深入阐发"绿水青山"与"金山银山"的辩证统一来说明社会、经济发展与生态文明之间的内在关系，强调"保护生态环境就是保护生产力、改善生态环境就是发展生产力"的生态生产力理念，对待人与自然关系要"尊重自然、顺应自然、保护自然"。"绿水青山就是金山银山"理论论述观点，彰显了表明了生态环境与生产力之间的相互促进、协调发展关系。

早在浙江工作期间，习近平同志就对"绿水青山就是金山银山"理论进行了阶段性分析。他认为，第一个阶段是用绿水青山去换金山银山，不考虑或者很少考虑环境的承载能力，一味索取资源。第二个阶段是既要金山银山，但是也要保住绿水青山，这时候经济发展和资源匮乏、环境恶化之间的矛盾开始凸显出来，人们意识到环境是我们生存发展的根本。第三个阶段是认识到绿水青山本身就是金山银山，生态优势变成经济优势，形成了浑然一体、和谐统一的关系，这一阶段是一种更高的境界，体现了科学发展观的要求，体现了发展循环经济、建设资源节约型和环境友好型社会的理念。可以看出，以上这三个阶段是经济增长方式转变的过程，是发展观念不断进步的过程，也是人与自然关系不断调整、趋向和谐的过程。

2. 阐明了生态文明建设的最终目的是人：最普惠的民生福祉

人的自由而全面的发展是马克思主义的最高命题和终极目标，而良好的自然环境是人的全面发展的条件和基础。中国共产党作为马克思主义政党，其根本宗旨和价值追求就是"全心全意为人民服务"，建党百年来始终对民生政策不断探索和完善、丰富和发展。在面对生态环境和人的自由全面发展出现严重冲突的现阶段，习近平总书记将生态环境作为民生的重要内容来强调，突出指出了生态环境在人的全面发展中的地位、价值与功能。

老百姓过去"盼温饱"，现在"盼环保"，过去"求生存"，现在"求生态"。我国在《2012 年中国人权事业的进展》白皮书中首次将生态文明建设写入人权保障，提出要保障和提高公民享有清洁生活环境及良好生态环境的权益。2013 年，习近平总书记在海南考察时强调："良好生态环境是最公平的公共产品，是最普惠的民生福祉。"这一科学论断从中国共产党马克思主义政党的性质出发，明确了"为了谁"的价值追求；既阐明了生态环境在改善民生中的重要地位，同时也丰富和发展了民生的基本内涵。2015 年两会期间，在参加江西代表团审议时，习近平总书记又强调指出："环境就是民生，青山就是美丽，蓝天也是幸福。"将公平享受良好生态环境视为民生的重要内容之一，这充分体现了习近平立党为公、执政为民的执政观和以民为本、改善生态的民生观。

良好生态环境符合全体中国人民的核心利益，生态文明的公平原则包括人与自然之间的公平、当代人之间的公平、当代人与后代人之间的公平。2013 年 5 月 24 日，习近平总书记在十八届中央政治局常委会会议上发表讲话时谈到，"生态环境保护是功在当代、利在千秋的事业。要清醒认识保护生态环境、治理环境污染的紧迫性和艰巨性，清醒认识加强生态文明建设的重要性和必要性，以对人民群众、对子孙后代高度负责的态度和责任，真正下决心把环境污染治理好、把生态环境建设好，努力走向社会主义生态文明新时代，为人民创造良好生产生活环境"。这"两个清醒"认识，深刻揭示了当前我国生态环境问题的严峻性和推进生态文明建设的紧迫性，充分体现了生态文明的民生本质。

3. 阐明了生态文明建设的重大意义：生态兴则文明兴，生态衰则文明衰

生态文明是人类文明史上的一大飞跃。习近平生态文明思想从生态环境和文明之间的辩证关系这一角度出发，阐述了对人与自然关系、人与社会和谐共生关系的思考。

2013年5月24日，习近平总书记在中央政治局第六次集体学习时引用恩格斯《自然辩证法》中的一段话："美索不达米亚、希腊、小亚细亚以及其他各地的居民，为了得到耕地，毁灭了森林，但是他们做梦也想不到，这些地方今天竟因此而成为不毛之地。"阐明了"生态兴则文明兴，生态衰则文明衰"。古埃及、古巴比伦、中美洲玛雅文明等古文明都发源于生态平衡、物阜民丰的地区，之所以失去昔日的光辉或者消失在历史的遗迹中，其根本原因是破坏了生态环境。这样的悲剧在我国历史上同样存在。昔日"丝绸之路"上有"塞上江南"之称的楼兰古国，如今也已淹没在大漠黄沙之中，这些沉痛的教训给我们深刻的启悟便是要加强生态文明建设。

（二）习近平生态文明思想的理论价值和实践意义

习近平生态文明思想直面生态环境的突出问题，显示了对党和国家事业高度的责任感，显示了以人为本的价值观，具有重要的历史地位和深远的现实意义。

1. 理论价值

（1）当代中国的马克思主义生态学

习近平生态文明思想对马克思的生态生产力理论和人的全面自由解放发展理论的继承和发展，是马克思主义中国化的最新理论成果。马克思主义生态观的核心是对人与自然关系的看法。马克思主义认为，人是自然的一部分，自然界"是我们人类（本身就是自然界的产物）赖以生长的基础"。人的解放面临的两大基本问题，是如何处理人与自然以及人与人之间的矛盾："我们这个世界面临的两大变革，即人同自然的和解以及人同本身的和解。"

新中国成立以来，我国对人与自然关系的认识有一个变化发展的过程。社会主义建设初期，我国的自然资源和生态环境都遭到不同程度的破坏和损失，造成十分严重的负面影响。改革开放以来，我国意识到生态环境对社会经济发展具有反作用，若对生态环境保护不力，社会经济发展将会受到影响。习近平总书记在认真反思和深刻总结过去发展中经验教训的基础上，超越了生态中心主义和人类中心主义，将被动应对、修补式的生态观变为主动变革、预防式的生态观，重新回归到马克思主义生态观，认为自然生态本身就蕴含物质力量，提出"人与自然是相互依存、相互联系的整体，对自然界不能只讲索取不讲投入、只讲利用不讲建设"。

经过多年来的持续性努力，源自马克思、恩格斯人与自然关系思想的马克思主义生态学，已经发展成为一个完整系统的理论体系或图谱，而习近平生态文明思想则代表着这一理论体系或图谱中的当代中国部分，并且是具有重大理论原创性和时代突破性的部分。从征服自然到尊重自然、顺应自然、保护自然反映了中国共产党对人与自然关系认识的重大转变，更强调了人与自然统一和谐的一面，承认尊重自然规律是实现人与自然和谐的认识前提，继承和发展了马克思主义生态观，是对中国发展方式的明确校正。

(2) 中国特色社会主义理论的丰富

习近平总书记将生态文明上升到治国理政方略的空前高度，强调要把生态文明建设的价值理念方法贯彻到中国特色社会主义建设的全过程和各个方面。"五位一体"的总体布局和"四个全面"的战略布局就决定了，生态环境保护公共治理目标的实现和生态文明建设实践的推进，离不开经济政治到科技文化的全方位驱动。生态文明建设地位的提升，改变了以前只注重经济增长、忽略生态环境的片面发展模式，生态文明建设与其他四大建设是辩证统一、相互支撑的关系。2013年4月25日，习近平总书记在十八届中央政治局常委会会议上发表讲话时谈到："如果仍是粗放发展，即使实现了国内生产总值翻一番的目标，那污染又会是一种什么情况？届时资源环境恐怕完全承载不了。""经济上去了，老百姓的幸福感大打折扣，甚至强烈的不满情绪上来了，那是什么形势？所以，我们不能把加强生态文明建设、加强生态环境保护、提倡绿色低碳生活方式等仅仅作为经济问题。这里面有很大的政治。"

2. 实践意义

在习近平生态文明思想的指导下，我国生态文明建设从思想层面到制度层面再到实践层面进行了强有力的推进，明确了路线图和时间表，强化了可操作性和可检验性，确保生态文明建设落在实处。

在政策法规方面，2015年5月5日，中共中央、国务院发布《关于加快推进生态文明建设的意见》，《意见》包括9个部分共35条，通篇贯穿了"尊重自然、顺应自然、保护自然""绿水青山就是金山银山"的基本理念，确立了人与自然和谐发展、经济社会发展活动要符合自然规律的导向。2015年4月24日，十二届全国人大常委会第八次会议以高票赞成通过了新修订的《中华人民共和国环境保护法》，其严格程度之甚被称为"史上最严《环保法》"，它将"推进生态文明建设、促进经济社会可持续发展"列入理念目的，并改变过去强调环境保护与经济发展相协调的思维模式，在新中国历史上第一次明确提出"经济社会发展要与环境保护相协调"。2020年修订了《中华人民共和国野生动物保护法》，新通过《中华人民共和国生物安全法》。

在实际工作方面，习近平总书记对于祁连山国家级自然保护区生态环境破坏和秦岭北麓西安境内违建别墅等严重违法违规事件的高度关注与督办查处，从而对全国生态环境公共政策体系的改革重建与有效运转产生了重要指导督促效果。国家查处了以宁夏中卫明盛染化有限公司污染环境案为代表的一些环境污染案件，并对涉事方进行了法律制裁，对社会各界起到很大的震慑作用。同时，党和国家以极大的决心和壮士断腕的勇气对华北地区尤其是北京地区的雾霾等一些严重的环境问题进行了大力度的治理，并初见成效。

习近平生态文明思想是一种崭新的可持续文明观，凝聚着新一届中共中央领导人对人类几千年发展历程和我国发展道路的审慎思考，体现了马克思主义生态观的思想精髓和中国共产党高度的历史自觉和生态自觉，是马克思主义中国化的最新理论成果，标志着中国共产党对人类社会发展规律、社会主义建设规律、执政规律的认识达到了一个新高度。

案例呈现

整治动真格！秦岭北麓600多栋违建别墅被拆

腾格里沙漠污染公益诉讼系列案

第二节 生态文明是人类文明发展的新形态

文明是人类在各个时期所创造的物质成果和精神成果的总和，它产生于人类与自然的矛盾，而这一矛盾又不断推动着生产方式的变化，促使文明从低级形态向高级形态前进。它作为人类的发展方式和生活方式，往往因其核心产业的不同而区分为不同的类型和阶段。从文明的历史上看，人类文明的发展经历了原始文明、农业文明、工业文明再到生态文明四个阶段，生态文明是人类文明发展的新形态。

一、原始文明：敬畏自然

人类的第一种文明形态是原始文明。原始文明是人类社会发展的最初阶段，石器、弓箭、火是原始文明的重要标志。人类处于原始文明的时间很久，从约300万年前人类诞生，到距今约1万年前，历时达数百万年之久。在原始文明时期，人和自然界相互作用的历史形式，是以生态规律占支配地位的。人类与其他自然生物一样，其生存规律基本遵循自然界的必然性法则，人类生活完全依靠大自然赐予，以采集、狩猎、渔捞等靠天然的劳动方式去获得所需要的生活资料。人们学习和追求的目标就是怎样去顺应自然。"天人合一"思想体现着人与自然的和谐。

（一）原始文明的特征

1. 以自然界为主体，与自然保持一种原始共生的关系

在原始文明时期，人类只是自然生态系统中的普通一员，人的全部活动都是围绕自然界来进行的。人类的全部生活习惯，生活方式基本建立在依赖周围环境的基础之上的。自然界按其固有的规律在运行着，但是人们已有了一些适应自然的策略，如拿火来取暖，烤食。梅策瑞塔（Meltzer D J）在对中全新世的气候变化与人类活动的研究中发现，中全新世时期，在美国南方的高平原地区干旱非常剧烈，表面与地下水资源变干，并且人类捕食的野牛数量减少，这些导致了人类生活相当大的改变，如聚落局部废弃，打井以获取地下水，饮食范围变宽以适应更高造价和更低回收率的种子和植物资源。但无论怎样，人类与自然的相处仍然以生态规律为核心，人与自然保持着一种原始共生的关系。

2. 具有整体性的特征

在原始社会时期，人刚刚从自然界中解放出来，它和自然是浑然成一体的。自然界蕴有万物，它们之间进行着物质、能量和信息的不断输入和输出。而原始社会的相对稳定性，归根结底也是由系统的整体运动达到适宜的有序状态而造成的。原始社会的人们依靠一些简单的生活方式靠天生存，与自然保持着这种有序的状态。

3. 自然神崇拜

在原始人与自然的这种关系中，自然界起初是作为一种完全异己的、有无限威力的和不可制服的力量与人们对立的，人们同它的关系完全像动物同它的关系一样，服从它的权力，因而这是对自然界的一种纯粹动物式的意识。图腾崇拜是当时主要的哲学表达式，该时期的人类脱胎于动物界不久，对自然界的改造能力极其低下，尚处于蒙昧状态。人类只能通过自身的有限智慧以一种敬畏的心理去了解自然、发现自然，给予族人以未知自然的解释和与自然相处的基本道德约束。这种自然神崇拜文化不仅体现着原始文明社会中人们对自然认知的渴望与激情，同样表现着对自然的敬畏与恐惧。

（二）原始文明时代简单的人与自然的关系

在原始社会时期，人类与自然融合在一种最原始的协调系统中。由于当时的生产力低下，人们对自然的认识不足，人类差不多完全受着外部大自然的支配。在原始社会，人类只能被动地适应自然，处处受自然界的束缚，盲目地崇拜自然，顺从自然，这时候，无论是采集还是狩猎，人的生活资料都不是人们生产出来的，而是自然环境直接提供的；人的劳动资料最早是直接从自然界中找到的，未经任何人工加工过的劳动工具，主要是硕石器和燧石器，其材料都直接来源于自然界，人因为对自然的"敬畏"而和自然保持着一种和谐状态。

二、农业文明：顺应自然

农业文明是人类文明发展中的第二个阶段，其持续的时间大约从距今 1 万年前到公元 18 世纪第一次工业革命开始。大约在 1 万年以前，人类开始有意识地从事谷物栽培。他们开辟农田，驯化可食用的植物，标志着人类史上一个崭新的文明时代的开始。

农业文明对于自然资源的利用能力是非常有限的，对自然的索取在总体上尚未超过自然界，自我调节和再生的能力不是很强，因此自然界较少受到破坏。在面对自然的灾害现象中，人类也会进行生存策略的调整，但这大多都是被动的适应自然条件的变化。农业文明中人与自然的关系一般还是比较和谐的，自然秩序没有发生紊乱，生态环境也没有出现失衡。人与自然的关系仍然处于一种朴素的"天人合一"状态。

（一）农业文明的特征

1. 以自然界为主体，人的能动因素相对增加

在农业文明时期，人类对自然有了初步的认识，人的主观能动性有了一定程度的发挥。虽然这时候还是以自然界为主体，但人的能动因素相对增加，人类发明应用了农业生产技术，生产力水平有所提高，人类实践的深度广度都有较大增加，开始出现科技成果：青铜器、铁器、陶器、造纸、印刷术等。更为重要的是，在农业文明时代人类有了用文字记载的历史和自然知识，精神生产占据一定领域。人类通过农耕和畜牧，使自己所需要的物种得到生长和繁衍，不再依赖自然界提供的现成食物。对自然力的利用已经扩大到若干可再生能源（畜力、水力等），铁器农具使人类劳动产品由"赐予接受"变成"主动索取"。

2. 以整体性为显著特征，部分功能开始弱化

原始社会，自然占主导地位，人类处于适应阶段；农业社会，人类从仅仅承受到改革性的适应阶段。这时候农业文明仍呈现整体性特征，但是由于人们的生产能力的提高，有些地方的生态环境出现严重的破坏，部分功能开始弱化。如我国自秦汉开始，西北地区的气候逐渐变干燥，而在这时人们又开始了对西北地区大规模的农业开发。农耕日益扩大的总趋势，加剧了西北地区由气候变干导致的生态环境恶化，并使之再也恢复不到原来的状态。生态环境的恶化使得自然界与人类这个有机的整体开始破坏，部分功能开始弱化。

（二）农业文明时代的和谐的人与自然关系

随着农业的诞生和不断发展，人们认识自然的能力有了很大的提高，人们开始由被动地适应自然到主动地去探索，人类从原始向自在阶段转变，从被动适应到主动适应。但人类在这一阶段还尚处于一种对自然的初步利用，人的主观能动性有了一定程度的发挥。总体而言，人与自然依然保持着较为和谐的关系，虽然这时候还是以自然界为主体，但人的能动因素相对增加，对于自然的活动已导致了自然的某些反应。例如，人类的发展造成了森林的减少，增加了山地的侵蚀速率，一定程度上加剧了水土流失，同时引进了外来物种而导致天然物种的消亡。人们在生产力提高的情况下，一方面，改造着身边的自然环境为人类造福；另一方面，也在破坏着自然环境。与此同时，随着人们改造自然能力的提高，人们对自然的敬畏程度也有所降低，人对自然的看法和对人与自然关系的看法发生了变化。这时，人类虽然继续在习惯性地敬畏自然，但也出现了"天变不足畏"的声音，一方面，倡导顺其自然；另一方面，又相信趋利避害。从总体上看，人类与自然的关系仍是协调的。

三、工业文明：征服自然

工业文明是人类文明发展的第三个历史形态。人类的农业文明在相对稳定的状态下缓慢地发展了数千年，在经历了一系列内在变革和外部探险的艰难过程之后，新兴的工业文明在西方率先崛起，并且迅速地向全世界扩展。公元17世纪可以看做是人类历史上的一个真正的分水岭，从此以后，机器大工业开始取代手工工场，工业文明的时代宣告来临。

经历了18世纪开始的工业革命之后，资本主义的生产方式已经牢固地确立起来，生产力迅猛发展，科学技术也得到了长足进步。伴随着科学技术的发展，人类在新的生产方式下创造了前所未有的物质文明，人与自然的关系随之发生了根本性的变化：人类由过去简单地消费自然物变为越来越多地加工改造自然物，由过去那种对自然单纯的依赖顺应关系变为征服改造关系。工业文明是人类运用科学技术的武器以控制和改造自然取得空前胜利的时代。蒸汽机、电动机、电脑和原子核反应堆，每一次科技革命都建立了"人化自然"的新丰碑。其哲学表达式主要表现为人统治自然，随着人类思想从中世纪宗教信仰的蒙昧状态中获得解放，随着知识的积累和科学技术的发展，人们在认识上逐渐形成了人与自然、主体与客体二元对立的世界观。

（一）工业文明的特征

1. 以人为主体，自然界成为人类发展的牺牲品

在工业文明中，人类开始以自然的"征服者"身份而自居，由过去的恐惧自然、崇拜自然转变成为所欲为地支配自然、征服自然，人似乎成为超越自然之上的宇宙主人。特别是科学探索活动中分析和实验方法兴起，开始对自然进行"审讯"与"拷问"，对自然的超限度开发又造成深刻的环境危机。在人类中心主义的支配下，人们认为人类是地球的主人：一方面，认为自然资源是取之不尽、用之不竭的，毫无节制地向自然界大量索取；另一方面，又把自然界当做天然垃圾场，肆意向环境排放废弃物，破坏自然环境。自然界成为人类发展的牺牲品。

2. 自然界自维持和自控制功能减弱，趋于分散状态

整体并非是其部分的机械结合和简单堆砌。但是在工业文明时期，人们却简单地认为世界是一个零散的整体，发达国家肆意地破坏环境，把本国的垃圾排放到别的国家，而在发展中国家，经济的发展也是以环境的破坏为代价的。人们割裂自然界与人类的关系，使得自然界自维持和自控制功能减弱，趋于分散状态。

（二）工业文明时代的对立的人与自然关系

工业革命使人类掌握了变革自然的强大能力，人影响和改善自然界的力量不断加强，并开始了大规模地改变自然和征服自然的活动，人因其特有的能动性创造了前所未有的技术文明和物质文明，对自然有了主宰地位，开始成为"万物之灵"。人类也由自在阶段转为自为阶段，人地关系协调系统受到了很大的冲击和破坏。

在强大的工业生产力下，人们忽视了自然界固有的规律性和自然生态环境的价值，而为了满足自己的物质欲望，逐渐习惯于以地球的主人自居，完全把自己凌驾于包括一切其他生命形式在内的大自然之上。这时，人与自然的关系上，人是处于积极的一方，自然则完全是被动的。在人与自然的关系上，由于"世界不会满足人，人决心以自己的行动来改变世界"，人们开始随心所欲地开发利用各种自然资源，甚至认为人类可以用自己创造的"技术圈"取代"生物圈"。其结果是生态系统被有害物质破坏，造成人类和生物的生存环境不断恶化：土地的沙漠化、盐碱化，水土流失，水土资源污染，臭氧层破坏，出现酸雨及温室效应等，生态平衡严重失调。

马克思、恩格斯对资本主义工业文明所导致的人与人、人与自然的异化现象进行过深刻的反思。恩格斯在《自然辩证法》中说，我们不要过分陶醉于我们对自然界的胜利。对于每一次这样的胜利，自然界都报复了我们。每一次胜利，在第一步确实都取得了我们预期的结果,但是在第二步和第三步都有了完全不同的、出乎意料的影响,常常把第一步带来的好处抵消掉。要实现人与自然关系的协调,仅仅靠认识是不够的,还需要对我们迄今为止存在过的生产方式以及和这种生产方式联系在一起的生产关系进行全面的调整和改造。毫不夸张地说,人类在最近100年中生产的经济总量,远远超过了以前人类历史所创造的经济总量,但人类对自然破坏的程度,也超过了以往的人类文明历史对自然破坏程度的总和。

四、生态文明:保护自然

工业文明使人类的欲望无限膨胀,对自然界为所欲为,导致人类越来越深地陷入前所未有的困境:环境恶化、特种绝灭、酸雨肆虐等。人类生存环境的恶化和生存根基的动摇,迫使人类彻悟:这种征服、改造的工业文明意识与人类的发展相悖,它虽然给某些地区带来了高水平的物质享受,却是以全球生态环境的破坏和更多地区的贫困加剧为代价的。所以,探讨新的文明模式,树立起新的文明意识,就成为人类亟待解决的任务。

20世纪末产生的生态文明是一种崭新的文明模式。生态文明作为"一种高级文明形态的文明",既是历史发展的必然,也是我们人类做出的自觉选择,它为我们所憧憬,又已经真实地来到了我们身边。所谓生态文明,是指人类在开发利用自然的时候,从维护社会、经济、自然系统的整体利益出发,尊重自然,保护自然,有效解决人类经济社会活动的需求同自然生态环境系统供给之间的矛盾,实现人与自然的共同进化。它是在原有的文明模式走到历史的尽头甚至出现危机的情况下适应社会进一步发展的需要,并且是以克服原有文明的弊端为根据而产生的。从这个意义上来讲,生态文明是一种比较抽象和长远的价值追求,承载了人类对理想社会的向往和对未来发展方向的理性思考。它是社会经济发展到一定阶段的必然产物,人类社会摆脱了贫困、污染等不利现象的困扰,开始迈向自由王国。

(一)生态文明的特征

1. 整体多样性

生态文明是人类文明进步的体现,它是在工业文明发展到一定的阶段之后产生的。生态文明相比于工业文明更加重视自然环境在人类文明发展中的作用,它将自然环境摆放到人类文明发展的首要考虑要素。人类的生存环境是一切文明成果的前提,即使人类拥有了先进的文明与丰富的物质生活,如果离开地球的生态系统,那么一切都没有意义。根据生物学相关研究显示,自然界各要素之间都是相互联系的,一旦其中的某个要素发生改变,就会像米诺骨牌效应一样,对整个生态系统造成严重的伤害,人类不可避免地会受到影响。因此,在理解与建设生态文明的过程中,一定要树立系统思维,用联系的观点看待自然环境与人类发展之间的关系。我们向自然界的资源索取要有限度,将人类的发展置于自然界的整体运行与发展的系统之中。

生态文明是人类文明发展的高级形态,从内涵上来说它外缘广阔,它不仅仅强调对自然资源、自然环境的保护,同时也十分注重物质文明的繁荣、精神文明的富足、政治文明的和谐等各个领域。在生态文明发展观下,人们必须转变自己的思想与发展理念,将和谐发展的思路落实到位,不断变革生产方式与生产技术,促进人类社会的和谐发展。

2. 循环持续性

生态文明在经济运行过程中显示出的根本性的特征,揭示了自然界物质循环的基本规律,生态文明对自然规律的尊重是其发展科学性的由来,也是生态文明发展观进步性的根源。从生态学的角度考虑,一个健康、稳定的生态系统,是不断发生内部与外部进行物质交换的,整个系统在物质的流动与循环中实现平衡。生态文明发展理念充分借鉴了生态系统的发展规律,它不仅要求经济社会发展内部之间不断进行文明成果的交换,还对整个生态系统与人类社会发展的成果交换进行了规划,能够促进人类社会的协调发展。生态文明的运行我们可以将其基本模式总结为"资源—产品—再生资源"的循环模式,在生态文明发展系统中废弃物产生量较少或者不产生废弃物,对自然资源进行最大化地利用,同时产物能够重新回到循环系统当中,人类只需要少量的资源代价,就可以维持整个生态文明系统的运转,从而保护人类赖以生存、发展的自然环境。

生态文明是人类文明面向未来的一种发展选择,人们最为重视的是其发展的可持续性。我们知道人类生存需要的基本要素都是从自然环境中获取的,而生态文明最重要的部分就是对自然环境的保护,对人类生存环境的维护,因此生态文明是一种以人类生存为基础考量的发展理念。经济的发展是人类文明的物质成果,也是人类文明水平的标志,经济进步可以为人类的发展提供更多的物质成果,生态文明建设将经济的发展与自然环境的保护统一起来,从发展的角度和全局利益对经济发展进行规划与协调,这是其他发展理念所不具备的。可持续性要求人类的发展要对子孙后代负责,为他们的发展保留足够的资源,这是每一个地球出生的人类都应该享有的基本权利,代际的发展公平也是生态文明理念可持续发展性的一个重要体现,它为人类未来的发展留足了资源。

3. 和谐公平性

生态文明的核心理念是人与自然和谐发展、人与社会和谐发展、人与人和谐发展,在发展生态文明的过程当中,要坚持全面建设小康社会的战略规划,保护自然环境、统筹城乡发展、统筹区域发展,坚持共同富裕的基本原则,实现我国社会的和谐发展。生态文明的建设要坚持和谐发展理念,这种和谐不仅包括人与自然的和谐,还要保证社会发展的和谐,保证区域发展的公平性,促进整个社会的发展与进步,在生态文明发展理念下,我国社会主义建设必将获得新的发展。

公平是生态文明建设的应有之义,公平正义作为生态文明的核心要素、内在要求和基本原则,蕴含于生态文明之中。推进生态文明建设,需要树立生态公平的核心理念,遵守生态权利和义务两者对等的理念,切实解决生态失衡问题,促进生态文明建设长远发展。

良好生态环境是最公平的公共产品,是最普惠的民生福祉,这一理念源自我们党全心全意为人民服务的根本宗旨。建设生态文明就是要对生态环境倍加珍爱、精心呵护,为人民群众不断创造更好的生态条件,也为子孙后代留下可持续发展的"绿色银行"。然而,现实生活中生态权利、生态责任、环境风险分配等生态不公平问题日益凸显,成为了生态环境遭遇破坏屡禁不止的主要原因。为此,在着力解决环境问题、大力推进生态文明建设的过程中,需要着重关注生态公平问题,积极构建公平的生态文明理念,实现既包括人与自然之间的种际公平,也要强调人与人之间的代际公平、代内公平。

(二) 生态文明时代重归和谐的人与自然关系

自然界的报复要求人类必须重新认识人与自然的关系,摒弃传统的征服自然、统治自然、改造自然的工业文明意识和价值观念,重新建立一种人地关系协调系统。人地关系协调系统是指通过构成复合系统的子系统的协调管理而达到协调状态的一种动态调控过程。而处在这个系统的人类,并不像原始社会和农业社会早期,只是被动地去适应自然,人们应该树立生态文明意识,与自然界和谐相处。把人与环境视为同一个发展系统,重视同一生态系统内部以及各生态系统之间的物质、能量的循环,保持输入和输出之间的平衡,以此来调整工业文明时代形成的不良影响,重新规范人与自然环境的关系。人类只有维持和保护生态平衡,才能通过对环境、资源的合理开发利用,使自身得以生存和发展。

生态文明时代人们对自然的重新认识,这不是对原始文明、农业文明意识被动适应自然的简单恢复,而是在较全面、深刻地认识人与自然关系的基础上,主动与自然的和解。它明确人类社会必须在生态基础上与自然界发生相互作用、共同发展。

知识链接

从卖石头到"卖风景"的华丽转身

第二章
生态危机现状

生态系统原先的平衡一旦被打破,并超出生态系统自身的调节能力,就预示着潜在的生态危机即将出现。生态危机是生态严重失衡,生态环境遭到严重破坏,威胁到人类生存与发展的现象,由人类活动直接或间接造成。

第一节 天之危机

一、大气污染

(一)大气污染严重

按照国际标准化组织(ISO)的定义,大气污染是指由于人类活动或自然过程引起某些物质进入大气中,以足够的浓度、足够的时间危害人类的舒适、健康和福利或环境的现象。影响大气污染范围和强度的因素有污染物的性质(物理的和化学的)、污染源的性质(源强、源高、源内温度、排气速率等)、气象条件(风向、风速、温度层结等)、地表性质(地形起伏、粗糙度、地面覆盖物等)。

从生态环境部2020年9月通报情况来看,2020年9月,全国"12369环保举报联网管理平台"共接到环保举报36414件,反映大气污染问题的举报最突出。从各地区不同渠道举报数量看,广东、重庆、河南等地举报总量居前。从污染类型来看,大气污染举报最多,占举报总量的63%。其次为噪声污染举报,占48%。水污染、固废污染、生态破坏和辐射污染举报分别占15%、9%、3%和1%。大气污染举报中,反映恶臭异味的举报最多,占涉大气举报的45%;其次为反映烟粉尘污染的举报,占23%。噪声污染举报中,反映工业噪声污染的举报最多,占噪声举报的61%;其次为反映建设施工噪声污染的举报,占27%。水污染举报中,反映生活污水污染的举报最多,占涉水举报的38%;其次为反映工业废水污染的举报,占29%。从行业类型来看,公众反映最集中的行业为建筑业,占39%;其次为住宿餐饮娱乐业和化工行业,分别占15%和9%。

我国向大气中排放的各种废气数量很大,远远超过大气的承受能力。2020年在国家掌握监测数据的全国337个地级及以上城市中,202个城市环境空气质量达标,占全部城市数的59.9%;135个城市环境空气质量超标,占40.1%。2020年,全国废气中二氧化硫排放量为 318.2 万吨，氮氧化物排放量为 1019.7 万吨，颗粒物排放量为 611.4 万吨。我国大气污染的成因具有多样性：燃煤排放的大量烟尘，如二氧化硫和一氧化氮；机动车尾气污染日趋严重；城市清洁度差，扬尘污染严重。所以，我国当前大气污染的特征是复合型的，即煤燃烧+汽车尾气+扬尘。大气氧化性增强，能见度降低。与世界上相关城市比较，我国的城市空气污染处于相当高的水平。人体若长期生活在低于空气质量三级标准的环境中，其身心健康将受到损害。

（二）温室效应扩大

1. 温室与温室效应

温室（Greenhouse）又称花房，大棚，日常所见到的玻璃育花房和蔬菜大棚就是典型的温室。温室有两个特点：温度较室外高，不散热。使用玻璃或透明塑料薄膜是让太阳光能够直接照射进温室，加热室内空气，同时，还可阻挡室内热空气向外散发，使室内温度保持高于外界，以提供有利于植物快速生长的条件。作为一项技术，温室通常可见于春季育秧、花卉培育和反季节果蔬种植等。

温室效应（Greenhouse Effect）又称花房效应或大气保温效应。在地球引力作用下，地球表面原本就裹着一层厚厚的保护膜——大气层，大气层可以防止阳光与外来物体对地球的伤害，同时也可将太阳短波辐射透过大气射入地面，而地面增暖后放出的长波辐射又被大气中的二氧化碳等物质所吸收，从而产生保暖效果。由于这种保温作用类似于栽培农作物的温室，故称温室效应。大气中温室气体的含量决定了保温的强度与效果，大气保温本可以促进地球生物的繁衍与生长，有益于地球生物当然也包括人类，但由于工业文明产生了超量的吸热物质，共同作用下，地球表面温度直线攀升所引起的全球气候变暖等一系列极其严重问题，引起了全世界各国的关注（图 2-1）。

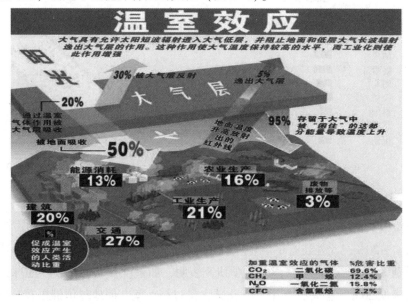

图 2-1 温室效应架构图

2. 温室效应提速的主要原因

空气中本含有二氧化碳，而且在过去很长一段时期始终处于"边增长、边消耗"的动态平衡状态中，其中80%来自人和动、植物的呼吸，20%来自燃料的燃烧。散布在大气中的二氧化碳有75%被海洋、湖泊、河流等地面的水及降水吸收溶解于水中。还有5%的二氧化碳通过植物光合作用，转化为有机物质贮藏起来。通过这些途径，大气中的二氧化碳基本保持恒定，占空气体积成分0.03%。

工业文明后，由于人口急剧增加，工业迅猛发展，人类及动物呼出的二氧化碳和工业排放的大量二氧化碳，远远超过了过去任何时候，超出了生态环境可以承受的范围（图2-2）。而另一方面，由于对森林乱砍滥伐，对湿地任意破坏，对草原随意开垦和城镇化建设、工业园建设、土地硬化、沙化等破坏了植被，减少了将二氧化碳转化为有机物的条件。再加上地表水域逐渐缩小，降水量大大降低，减少了吸收溶解二氧化碳的条件，破坏了二氧化碳生成与转化的动态平衡，一增一减之中，温室气体含量倍增，促使地球气温直线攀升，到目前为止人类仍然没有放慢这一脚步，致使气温恶性循环愈加严重。

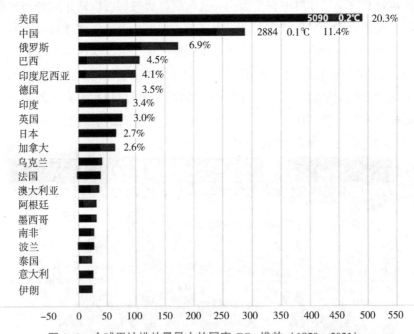

图 2-2　全球累计排放量最大的国家 CO_2 排放（1850—2021）

形成温室效应的气体，除二氧化碳外，还有其他气体。其中二氧化碳约占75%、氯氟代烷约占15%~20%，此外还有甲烷、一氧化氮等30多种。二氧化碳本来可以通过防止地表热量辐射到太空中调节地球气温。科学研究表明，如果没有二氧化碳，地球的年平均气温将比目前降低20℃。但是，如果二氧化碳含量过高，就会使地球仿佛捂在一口锅里，热气升腾而散发不出去，温度渐次升高，使"温室效应"渐次恶化。就像一个发高烧的患者，如果不做退热处理，而是用被子捂着，其高烧所造成的后果，要么因自身调节到位，出一身热汗而退烧，要么因高烧晕厥休克直至死亡。人类现在要做的其实就是要退热，以生态环境保护、生态文明修复生态，使地球环境回归生态平衡。

2021年8月9日，联合国政府间气候变化专门委员会（IPCC）发布了第六次评估报告的第一部分《气候变化2021：自然科学基础》，该报告称，2011—2020年的10年间，全球地表温度比1850—1900年高1.09℃，这是自12.5万年前冰河时代以来从未见过的水平，过去5年也是自1850年有记录以来最热的5年。科学家们预计，到21世纪30年代中期，气温上升将达到或超过1.5℃。未来几十年，所有地区的气候变化都将加剧。全球变暖1.5℃，热浪会越来越强，暖季会更长，冷季会更短。该报告显示，在全球变暖2.0℃时，极端高温更容易达到农业和健康的容忍阈值。

3. 温室效应的危害

（1）极端病虫害增加

气温升高使台风强度增强，台风源地向南北两极扩展，还会引起和加剧传染病流行等。如果任由气温上升让南北极冰层溶化，被冰封十几万年的史前致命病毒可能会重见天日，目前人类对这些原始病毒没有抵抗能力，将会形成全球性疫症，严重威胁人类。

（2）海平面大幅上升

温室效应正导致海平面渐次升高：一方面，因受热膨胀引发海平面升高；另一方面，是高山冰川、格陵兰及南极洲上的冰块加速溶化，使海洋水量增加。据测算，升温1.0~3.5℃，海平面将上升50厘米；升温1.5~4.5℃，海平面将上升70~140厘米。全球平均海平面在2013—2021年间平均每年上升4.5毫米，之后于2021年创下了历史新高。这一速率是1993—2002年间的两倍多，主要原因是冰盖中冰量的加速流失。这对数亿沿海居民产生了重大影响，加大了其对热带气旋的脆弱性。根据海平面上升的速度，目前20%~90%的沿海湿地有可能在本世纪末消失。这将进一步损害粮食供应、旅游业和海岸保护等生态系统服务。

（3）气候反常加剧

地球现在是一个不断被加热的保温瓶。全球温度升高导致海啸、台风，夏天极热，冬天极冷等极端天气增多。2020年北大西洋飓风季共生成30个命名风暴，是有记录以来生成命名风暴数量最多的一年。2022年1月14—15日，南太平洋岛国汤加的洪阿哈阿帕伊岛火山喷发并引发海啸，这是近30年来全球规模最大的一次火山爆发。气候反常加剧，干旱持续的时间将更长，暴雨将更猛烈，热浪将更频繁，暴风将更强烈，频率将更繁乱。

（4）沙漠化面积增大

土地沙漠化是一个全球性的环境问题，而伴随着"温室效应"，土地沙漠化情况将进一步加剧，越来越恶化。中国已有1200万公顷的土地变成了沙漠，特别是近50年来形成的"现代沙漠化土地"就有500万公顷。据联合国环境规划署（UNEP）调查，全世界每年有600万公顷的土地发生沙漠化。在撒哈拉沙漠的南部，沙漠每年大约向外扩展150万公顷，每年给农业生产造成的损失达260亿美元。沙漠化使生物界的生存空间不断缩小，

1968—1984 年，非洲撒哈拉沙漠的南缘地区发生了震惊世界的持续 17 年的大旱，给这些国家造成了巨大经济损失和灾难，死亡人数达 200 多万。

世界气象组织（WMO）发布的《2021 年全球气候状况》显示，全球大气温室气体浓度曾在 2020 年达到历史新高，当时全球二氧化碳浓度达到 413.2ppm（1ppm 为百万分之一），为工业化前水平的 149%。海洋热量创历史新高，2021 年海洋上层 2000 米深度范围持续升温，预计未来还将持续，而这一变化在百年到千年的时间尺度上是不可逆的。海洋酸化现象也不断加剧，海洋吸收了每年人类活动向大气排放的约 23% 的二氧化碳，而其与海水发生化学反应时，将导致海洋酸化，不仅会威胁到生物和生态系统，还会对粮食安全、旅游业和沿海保护造成影响。

为减少大气中过多的二氧化碳，需要人们尽量低碳生活，节约用电，少开汽车。保护好森林和海洋，不乱砍滥伐，不让海洋受到污染以保护浮游生物的生存。通过植树造林，减少使用一次性方便木筷，节约纸张（造纸用木材），不践踏草坪等行动来保护绿色植物，使它们多吸收二氧化碳来帮助减缓温室效应。

（三）不可呼吸的雾霾

雾霾，是雾和霾的混合物。但是雾和霾的区别很大，雾是由大量悬浮在近地面空气中的微小水滴或冰晶组成的气溶胶系统，是近地面层空气中水汽凝结（或凝华）的产物，多出现于秋冬季节。雾的存在会降低空气透明度，目标物的水平能见度降低到 1000 米以内，雾是自然天气现象，虽然以灰尘作为凝结核，但总体无毒无害。霾是空气中的灰尘、硫酸、硝酸等颗粒物组成的气溶胶系统造成的视觉障碍，也称灰霾（烟雾）。霾使大气混浊，能见度恶化，霾的核心物质是悬浮在空气中的烟、灰尘等物质，空气相对湿度低于 80%，颜色发黄。气体能直接进入并黏附在人体下呼吸道和肺叶中，对人体具有不可逆的伤害。早晚湿度大时，雾的成分多；白天湿度小时，霾占据主力。雾霾天气的形成是主要是人为的环境污染，再加上气温低、风小等自然条件导致污染物不易扩散。

作为一种大气污染状态，雾霾是对大气中各种悬浮颗粒物含量超标的笼统表述，尤其是 PM2.5（空气动力学当量直径小于等于 2.5 微米的颗粒物）被认为是造成雾霾天气的"元凶"。随着空气质量的恶化，阴霾天气现象增多，危害加重。中国不少地区把阴霾天气现象并入雾一起作为灾害性天气预警预报，统称为"雾霾天气"。

2013 年 11 月 5 日，中国社会科学院、中国气象局联合发布的《气候变化绿皮书：应对气候变化报告（2013）》指出，近 50 年来中国雾霾天气总体呈增加趋势。雾霾区占国土面积的 1/4，人口约 6 亿，包括华北平原、黄淮、江淮、江汉、江南、华南北部等地。中国气象局的数据显示，雾霾污染在相对严重的 2013 年波及全国 25 个省份，年均雾霾天数达 29.9 天，较为严重的华北地区多个省份 PM2.5 浓度达到或超过 $500\mu g/m^3$ 的测量上限。2014 年 1 月 4 日，国家首次将雾霾天气纳入自然灾情进行通报。2014 年 2 月，习近平总书记在北京考察时指出：应对雾霾污染、改善空气质量的首要任务是控制 PM2.5，要从压减燃煤、严格控车、调整产业、强化管理、联防联控、依法治理等方面采取重大举措，聚焦重点领域，严格指标考核，加强环境执法监管，认真进行责任追究。2018 年 7

月,《打赢蓝天保卫战三年行动计划 2018—2020》发布,要求进一步明显降低 PM2.5 浓度,PM2.5 未达标地级及以上城市浓度比 2015 年下降 18%以上。2021 年 2 月 25 日,生态环境部举行例行新闻发布,宣布《打赢蓝天保卫战三年行动计划》圆满收官。到 2021 年,全国 339 个地级及以上城市 PM2.5 平均浓度为 30 微克/立方米,比 2015 年下降 35%。

知识链接

雾霾影响身体健康

二、极端气候(天气)

(一) 气候与极端气候

作为一种不易发生的气候事件,极端气候是指气候的状态严重偏离其平均态,一定时间在一定地区内出现的有记录以来罕见的气象事件。总体上看,极端气候可以分为极端高温、极端低温、极端干旱、极端降水等几个类型。一般来说,极端气候虽然发生概率小于 5%~10%,是 50 年或 100 年一遇的小概率事件,但社会影响大,造成的破坏巨大。不过,随着全球气候变暖,极端气候事件成为了"新常态"。联合国政府间气候变化专门委员会(IPCC)最新评估报告表明,过去 60 年中,极端气候事件特别是强降雨、高温热浪等极端事件呈现出不断增多、增强,分布范围广,更加频繁的趋势。

2021 年,全球多地极端气候频频发生。先是美国遭遇极寒天气,多地出现史上最低温度纪录,极寒天气引发美国得州电网瘫痪。随后,夏季极端高温天气引发多处干旱和森林野火,并再次威胁到美国西部电网系统的安全;英国受暴风雨侵袭,引发罕见冬季洪水;澳大利亚城市悉尼所在的新南威尔士州地区遇 60 年以来最严重洪灾;日本多地遭遇强降雪,局部地区积雪厚度超 2 米;西班牙在 1 月 7 日录得有史以来最低气温-35.8℃;墨西哥、巴西亦遭遇了多年难遇的干旱,重创当地农业;6 月 29 日,加拿大不列颠哥伦比亚省利顿市出现有记录以来的最高气温 49.6℃,加拿大和美国西北部至少有 800 人因高温天气死亡。

(二) 极端气候频繁的主要原因

极端气候由不常见变得比较频繁,是有着其深刻而复杂的原因,深层次上讲,很多气候异常现象都是全球变暖惹的祸,当全球变暖达到一定程度之后,就会导致大气环流、西南季风和台风的迁移路径发生改变。而致使全球气候变暖的罪魁祸首是生态失衡,是人类无休止、无抑止的为所欲为。

全球气候变暖导致全球平均温度升高,但分布点却呈发散性和不均匀性。其中,全球变暖的速率在高纬度地区和中低纬度地区就不均匀,高纬度地区比中低纬度地区升温更加强烈,从而导致了中高纬地区径向环流减弱,中高纬地区的西风基本流减速。而西风基本流一旦减速,中高纬地区的"槽"和"脊"移动就会减慢,并且长时间控制某一地区,这就影响了大气环流的正常运行,引发出更多气候事件发生。

人类不合理的活动是极端气候多发的根本原因之一。城市区域性暴雨和洪涝灾害,除了全球气候变暖之外,还有城市本身的热岛效应,还有地表的覆盖发生变化,导致热量吸收量和散失量不平衡,导致区际城市热量比较多,产生热岛效应,热岛效应影响下,极端降水和暴雨就比较集中在城市区域。另外,太阳活动也对极端气候有影响。

(三) 极端气候肆虐地球

1. 极端降水侵袭多国

极端气候对世界的影响是全局性的,生活在地球上的生物,包括人类都深受其害。从全球范围看,面临类似极端气候挑战的国家越来越多,受影响的面越来越大。2020年,非洲大部分地区发生了超大规模的洪水。苏丹和肯尼亚受洪水影响最为严重,据报道,肯尼亚有285人死亡,苏丹有155人死亡,80多万人受洪水影响,同时还进一步遭受疾病的间接影响。许多湖泊和河流的水位都达到了历史最高水平。

2021年7月,欧洲中西部遭强降雨突发特大洪水,瑞士、卢森堡、荷兰、比利时、法国、德国等国因洪水泛滥而成泽国。据不完全统计,欧洲超200人因洪灾遇难。比利时首相德克罗宣布全国哀悼,并且警告:这次洪水可能是比利时历来最严重的灾难。去灾区视察的德国总统施泰因迈尔,感叹这是一个"巨大悲剧"。

2021年7月17日至23日,我国河南省遭遇历史罕见特大暴雨,郑州市连续两天降大暴雨到特大暴雨,部分地区累计降雨量超当地年平均降雨量。其中,郑州市平均降雨量518.5毫米/小时,郑州新密市白寨累计降雨量最大达986.7毫米,突破建站以来历史极值。这次特大暴雨灾害共造成河南全省16个市150个县(市、区)1478.6万人受灾,死亡失踪398人、直接经济损失1200.6亿元(图2-3)。

图 2-3 在河南省开封市贾鲁河小岗凹河段,空降兵某旅官兵跳入齐胸深的洪水中加固堤坝

2022年2月15日，巴西彼得罗波利斯突降暴雨，造成山体滑坡。该地在短短6小时内下了260毫米的暴雨。巴西气象学家谢鲁契表示，这是当地近90年来最大雨量，高于以往2月一整月的降雨量。受暴雨影响，2022年1月，全球第二大铁矿巨头也不得不暂停在米纳斯州部分铁矿山的生产，停工影响了约150万吨铁矿石的生产。

2. 极端干旱农业减产

澳大利亚自2019年7月进入林火季以来，从经济最发达、人口最稠密、新州和维州所在的东南部沿海地区，到塔斯马尼亚、西澳州和北领地区，几乎每个州都有林火在燃烧，高温天气和干旱是林火肆虐的主要原因。到2020年2月才基本控制了燃烧5个月的森林大火（图2-4）。这次大火蔓延澳大利亚东海岸1400多千米的海岸线，过火面积超过1000万公顷，对当地生态系统造成巨大破坏，并造成33人死亡、烧毁3000多所房屋、近30亿只动物死亡或流离失，造成巨大的经济损失。本次大火主要是受夏季炎热干燥影响，2019年是澳大利亚有记载以来最热、最干燥的一年。连年的干旱造成了澳大利亚农业减产，夏季作物减产超过60%，主要体现在棉花和高粱作物；牛羊养殖业也受到影响，牛群数量降到1990年来最低。

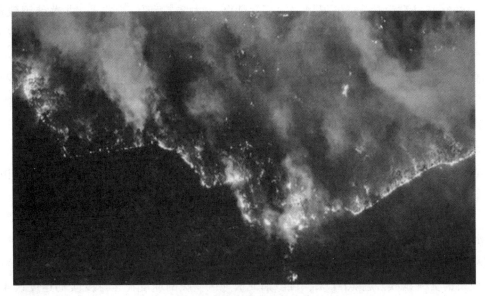

图2-4　澳大利亚丛林大火

干旱影响了世界许多地区，包括非洲之角、加拿大、美国西部、伊朗、阿富汗、巴基斯坦和土耳其。2022年迄今，东非面临着非常现实的前景：连续第四个季度无雨，非洲之角的干旱已经加剧。联合国世界粮食计划署东非地区负责人迈克尔·邓福德日前表示，非洲之角地区的吉布提、埃塞俄比亚、肯尼亚、索马里4个国家正面临近40年来最严重干旱，已有近2000万人面临饥饿危机。2022年，联合国世界粮食计划署和联合国难民署日前发布联合公报说，东非难民数量从2012年的182万增加到目前的近500万，仅2021年一年就新增了30万。

据联合国难民事务高级专员公署发布的最新报告显示，2017年，全世界有130万人因干旱而迁居。2018 年，1720 万人因自然灾害而成为境内流徙者。许多非政府组织提醒说，在一条长 1600 千米、宽 100~400 千米并集中了中美洲 90% 人口的"干旱走廊"上，正在发生紧迫的粮食危机。危地马拉、洪都拉斯、萨尔瓦多和尼加拉瓜等国家输出着数以百万计的移民，这些人因长期干旱或强降雨失去了自己的农作物。

3. 极端高温炙烤全球

除了一些地方"看海"，一些地方"煎熬"之外，全球还有一些地方被高温"炙烤"着。

在西伯利亚北极的广大地区，2020 年气温较以往平均水平高出 3℃ 多，根据世界气象组织确认，俄罗斯西伯利亚东北部的维尔霍扬斯克小镇，在 2020 年 6 月 20 日创下北极地区最高温度——38℃。据了解，2020 年夏季西伯利亚北极地区的平均气温比正常水平偏高 10℃。在美国，夏末和秋季发生了有记录以来最大的火灾。2020 年 8 月 16 日，加利福尼亚死亡谷气温达到 54.4℃，这是至少过去 80 年以来全球已知的最高温度。在加勒比地区，4 月和 9 月发生了大型热浪事件。

2021 年 6 月底，高温热浪袭击美国西北部和加拿大西南部，西雅图最高气温一度高达 42℃，甚至 46.1℃，温哥华气温也一度高达 40℃，大幅打破历史纪录。北美热浪致数百人丧生，仅温哥华就有 140 人因不适应高温而死亡。值得注意的是，西雅图、温哥华向来以"气候温和宜居"著称，夏季平均气温通常不超过 30℃，美国气象专家表示，本次北美洲高温实属罕见。强劲热浪席卷还在美国西部多地引发火灾，包括加利福尼亚、俄勒冈等 10 个州发生了 60 多场森林大火。据美国国家跨部门消防中心数据显示，西部地区以及阿拉斯加州林火过火面积约为 4000 平方千米。

4. 极端灾害警戒人类

点击互联网，随处可见极端天气气候事件频繁发生，"百年一遇"已成了年年相遇。严重影响人类的生存与发展。据新加坡《联合早报》报道，当地时间 2019 年 3 月 11 日，刊登在《自然气候变化》期刊的一份报告指出，受全球变暖影响，1987—2016 年，全球海洋每年出现热浪的天数比 1925—1954 年多了 54%，且破坏力越来越强。据俄罗斯卫星通讯社报道，俄罗斯北极地区 2018 年的年平均温度高出正常温度 2.48℃。全球气候和生态研究所的资料显示，近 40 年来，俄罗斯北极地区变暖的速度比全球变暖的速度快 4 倍。据英国广播公司网站报道，英国智库公共政策研究所称，自 2005 年以来，世界各地的洪水次数已经增加 15 倍，极端气温事件增加 20 倍，野火次数增加 7 倍。

气候极端变化已向人类敲响"红色警报"。2019 年 11 月，全球逾 11000 位科学家在 *BioScience* 杂志上发出警告：整个世界正面临气候危机，若不作出深刻且持续的改变，世界将面临"数不清的人类苦难"。多发的极端天气带来的人员及经济损失亦不可小觑。瑞士再保险研究所一篇名为《气候变化经济学：不采取行动不是一种选择》的研究报告显示，到 2050 年，由于气候变化，全球经济或将损失 GDP 的 10%。如果继续听之任之，令气温上升 3.2℃，到 21 世纪中叶，全球经济损失可能会上升至 GDP 的 18%。

专家普遍认为，人类活动导致的二氧化碳和其他温室气体排放增加是全球变暖的主因，而这又导致热浪、飓风和寒潮等极端气候事件日益频繁。全球气候变化是自然和人类活动共同造成的，但造成当今气候变暖的主因是人类活动。人类必须行动起来，尽力阻止气候变暖。必须实现可持续发展方式的转变，减少温室气体排放，减少气温上升推进剂，减缓气候变化的速度和规模。同时，也必须在生物多样性、森林保护、减少污染等方面多做努力。

第二节 地之危机

一、土地退化

（一）土地荒漠化持续

土地是地球陆地表面极薄的一层物质，也称土壤层，土壤层具有肥力、能够供植物生长，其厚度一般在2m左右。土壤不但为植物生长提供机械支撑能力，并能为植物生长发育提供所需要的水、肥、气、热等肥力要素。土地对于人类和陆生动植物生存与发展极为关键。没有土地，任何树木、谷物无法生长，就不可能有森林或动物，也就不可能存在人类。土地荒漠化，是指由于大风吹蚀，流水侵蚀，土壤盐渍化等造成的土壤生产力下降或丧失，土质的恶化，表面沙化或板结而成为不毛之地，如，沙漠和戈壁。荒漠化分为风蚀荒漠化、水蚀荒漠化、盐渍化、冻融及石漠化。荒漠化及其引发的土地沙化被称为"地球溃疡症"，已成为严重制约我国经济社会可持续发展的重大环境生态问题（图2-5）。

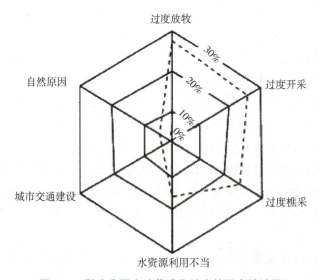

图2-5 影响我国土地荒漠化扩大的因素统计图

由于掠夺式开发，乱开滥垦、过度樵采和长期超牧，全国草地面积逐年缩小，草地质量逐渐下降，其中中度退化程度以上的草地达1.3亿公顷，并且每年还以2万平方千米的速度蔓延。尽管我国森林覆盖率有所增加，但森林资源总体质量仍呈下降趋势，人均积蓄量不足世界平均水平的1/7，森林的生态功能严重退化，全国水土流失面积已达367万平方千米,并以每年1万平方千米的速度在增加。据统计,全国荒漠化土地面积已达262万平方千米,继续以每年2460平方千米的速度扩展。目前,我国沙化土地的面积为168.9万平方千米,占国土面积的17.6%。每年因荒漠化造成的直接经济损失达540亿元,相当于1996年西北五省(区)财政收入总和的3倍,平均每天损失近1.5亿元。1949年来,全国共有1000万公顷的耕地不同程度地沙化,每年造成粮食损失高达30多亿千克。在风沙危害严重的地区,许多农田因风沙毁种,粮食产量长期低而不稳,群众形象地称为"种一坡,拉一车,打一箩,蒸一锅"。在宁夏、内蒙古一些沙化严重的地区,当地农民被迫远走他乡,成为生态灾民,内蒙古自治区鄂托克旗,30年间流沙压埋房屋2200多间,近700户村民被迫迁移他乡。

据联合国统计,占全球1/4的土地严重荒漠化,全球每分钟会增加11公顷荒漠,每年变为荒漠的土地约600万公顷,50亿公顷的干旱、半干旱土地中遭到荒漠化威胁的有33亿公顷。受土地荒漠化威胁的有110多个国家和地区、10亿多人,其中1.35亿人面临流离失所的危险,全球每年因土地荒漠化造成的经济损失超过420亿美元。沙漠化土地以每年5~7平方千米的速度扩展,非洲撒哈拉沙漠每年南侵30~50千米。人类文明的摇篮——底格里斯河、幼发拉底河等流域,就由沃土变成了今天的荒漠。

荒漠化使土地生物和经济生产潜力减少,甚至基本丧失。荒漠化不仅是生态问题,也是经济问题,它意味着土地退化、生态恶化、经济衰退和人们生活质量的倒退,造成了可利用土地被蚕食、土壤贫瘠、生产力下降等,进而加深贫困程度,加剧自然灾害发生,制约经济发展,严重影响社会稳定。

(二) 土壤污染面扩大

土壤是人类以及陆生动植物生存的依托。凡是妨碍土壤正常功能,降低作物产量和质量,或通过饮食间接影响人体健康的物质都叫做土壤污染物。土壤污染的原因很多,如工农业生产中各种废水的排放、大气酸性降水及固体废弃物的倾倒或填埋等等。从污染物的类型看,土壤污染物大致可分为无机污染物和有机污染物两大类。无机污染物主要包括酸碱物质、重金属盐类、放射性物质、砷、硒及氟等非金属化合物等。有机污染物主要包括有机农药、酚类、石油类、合成洗涤剂以及由城市污水、污泥及厩肥带来的有害微生物等。当土壤中含有害物质过多并超过土壤的自净能力时,就会引起土壤的组成、结构和功能发生变化。有害物质及其分解产物在土壤中日积月累,并通过食物链富集最终被人体吸收,严重危害人体健康。

土壤污染具有隐蔽性和滞后性,它往往要通过对土壤样品进行分析化验甚至通过研究对人畜健康状况的影响才能确定。因此,土壤污染从产生污染到出现问题通常会滞后较长的时间。如日本因土壤镉污染造成的"骨痛病"经过了10~20年之后才被人们所认识并重视。另外,污染物质在土壤中并不像在大气和水体中那样能够得到快速扩散和稀释,这导致被污染土壤的治理和恢复需要很长时间。

我国虽然人均耕地少,在全世界5000万以上的国家中排倒数第三位。但又不得不面对我国土壤酸化、盐渍化严重,耕地面积减少,土壤肥力下降的困局。酸雨面积占国土面积的4.8%，土壤酸化程度有增无减；盐渍化土地总面积约占国土总面积的8.5%。

因土壤污染造成的经济损失往往是十分惨重的。我国每年生产重金属含量超标的粮食多达1200万吨，合计经济损失至少200亿元。据报道，1992年全国有不少地区因水稻田受到镉污染已经发展到生产"镉米"的程度，每年生产的"镉米"多达数十万吨，稻米的含镉浓度高达0.4~1.0mg/kg（这已经达到或超过诱发"骨痛病"的平均含镉浓度）。许多城市销售的蔬菜几乎都受到一定程度的硝酸盐污染。其中，大白菜和青菜的硝酸盐污染最重，其次为菠菜。长期食用硝酸盐污染的蔬菜，会诱发人体消化系统癌变。

案例剖析

毒地事件

土壤污染和地下水污染，不同于空气污染，它看不见摸不着，危险隐藏在地表之下。它远离人们的视野，经常被新闻媒体忽略。空气污染，可能刮大风一天就可以恢复；但是土壤污染、地下水污染则需要花上十几年甚至上百上千年，且人工花费巨大。更可怕的是，土壤污染地下水污染造成的健康危害却是慢性的，长期的。几天连续的重度空气污染，可能会让医院呼吸科的就诊病人激增；但是生活在受污染土地上几个月，甚至几年都不会产生明显症状。但是一旦发现时候，往往已经很严重。

二、水污染

水资源是人类赖以生存的保障，水生态文明建设就是人与水和谐共处，促进水生态系统良性发展，为人类经济社会发展提供持续健康支持。由于人为的原因使水质发生变化，导致水的任何有益的用途受到现实的或潜在的损害，即水体进入某种污染物使水的质量恶化并使水的用途受到不良影响，称为水污染。

水是人类宝贵的自然资源，因为地球上的生命都离不开水。与海洋和陆地相比，淡水仅占地球表面较小的比例，但是它对人类的重要性却是无与伦比的。据统计，地球总储水量中，咸水约占97.3%，而淡水约仅占2.7%。就这小部分淡水中还包括人类目前尚无法利用的南北两极的冰山和冰河，以及深度在750m以下的地下水。因此，人类能利用的淡水还不到地球总储水量的1%。我国是水资源匮乏国，人均水资源占有量为2200立方米，不足世界人均占有量的1/4，是世界上缺水国家之一。而且，我国水资源分布贫富不均，华北、西北的一些地区缺水严重。

水污染已对人类的生存安全构成重大威胁，成为人类健康经济和社会可持续发展的重大障碍。据世界权威机构调查，在发展中国家，各类疾病中有80%是因为饮用了不卫生的水而传播的，每年因饮用不卫生水至少造成全球2000万人死亡，因此，水污染被称作"世界头号杀手"。

水污染主要是由人类活动产生的污染物造成的，它包括工业污染源、农业污染源和生活污染源三大部分。其中，工业废水是水域的重要污染源，具有量大、面积广、成分复杂、毒性大、不易净化、难处理等特点。生活污染源主要是城市生活中使用的各种洗涤剂、污水、垃圾和粪便等，多为无毒的无机盐类，生活污水中含氮、磷、硫和致病细菌较多。农业污染源包括牲畜粪便、植物营养物、病原微生物、农药和化肥等。我国是世界上水土流失最严重的国家之一，每年表土流失量约 50 亿吨，致使大量农药、化肥随表土流入江、河、湖、库，随之流失的氮、磷、钾营养元素使 2/3 的湖泊受到不同程度富营养化污染的危害，造成藻类以及其他生物异常繁殖，引起水体透明度和溶解氧的变化，从而致使水质恶化。

根据国家生态环境部发布的《2020 中国生态环境状况公报》，2020 年，长江、黄河、珠江、松花江、淮河、海河、辽河等七大流域及浙闽片河流、西北诸河和西南诸河水质优良（Ⅰ~Ⅲ类）断面比例为 87.4%，劣Ⅴ类断面比例为 0.2%，辽河和海河流域污染比较严重。1940 个国家地表水考核断面中，水质优良（Ⅰ~Ⅲ类）断面比例为 83.4%，劣Ⅴ类为 0.6%。主要污染指标为化学需氧量、总磷和高锰酸盐指数。开展水质监测的 112 个重要湖泊（水库）中，Ⅰ~Ⅲ类水质湖泊（水库）比例为 76.8%，劣Ⅴ类为 5.4%，主要污染指标为总磷、化学需氧量和高锰酸盐指数。开展营养状态监测的 110 个重要湖泊（水库）中，贫营养状态湖泊（水库）占 9.1%，中营养状态占 61.8%，轻度富营养状态占 23.6%，中度富营养状态占 4.5%，重度富营养状态占 0.9%。

第三节　物种危机

一、生态入侵

（一）生态入侵的概念

所谓生态入侵，顾名思义就是外来物种对生态环境的入侵。人类有意识或无意识活动将某些生物带入适宜其生存和繁衍的新地区，使种群数量不断地增加，分布区也逐步稳定地扩展的过程。如原产于墨西哥的紫茎泽兰，作为观赏植物约于 1865 年被引入夏威夷，1875 年又引入澳大利亚，后来到处繁行，泛滥成灾。新中国成立前，紫茎泽兰又由缅甸、越南侵入中国云南，现在已扩展到广西、贵州境内。在滇南地区，这种植物已发展为成片的优势群落，侵入农田，影响作物生长；侵入草场，危害了牧畜；侵入荒山，影响林木生长，成为名副其实的害草。又如非洲冈比亚按蚊约 1929 年随法国高速驱逐舰到达巴西，在巴西建立起新的种群，并引起严重疟疾流行，使 90 万居民患病，1.2 万人死亡。后来动用 3000 人，花了近 3 年时间才消灭了它。

外来入侵物种对生物多样性的影响表现在两个方面：一是外来入侵物种本身形成优势种群，使本地物种的生存受到影响并最终导致本地物种灭绝，破坏生物多样性，使物种单一化；二是通过压迫和排斥本地物种，导致生态系统的物种组成和结构发生改变，最终导致生态系统受到破坏。国际上已经把外来物种入侵列为除栖息地破坏以外，生物多样性丧失的第二大因素。

(二) 生态入侵造成的经济损失

大多数外来物种都不会带有侵略性，或者为它们的新栖息地制造麻烦，甚至有很多外来物种还对社会有益，如农业、园艺、林业及宠物产业等。然而尽管只有一小部分的外来物种在跨越原有边界后会对新环境造成侵略性，它们却能对当地生态和经济产生巨大的影响。几乎所有的生物分类群都存在有外来入侵物种，包括病毒、真菌、藻类、苔藓、蕨类、高等植物、无脊椎动物、鱼类、两栖类、爬行类、鸟类及哺乳类动物等。

外来入侵物种的传播是当前地球上公认的对生态和经济最大的威胁之一。外来入侵物种已经在农田、森林、草地、岛屿、渔业、海运业以及自然保护区等各种各样的生态系统中制造生态灾难，造成经济损失。对于任何一个国家而言，想要彻底根治已入侵成功的外来物种是相当困难的，实际上，仅仅用于控制其蔓延的治理费用就相当昂贵。英国为了控制12种最具危险性的外来入侵物种，在1989—1992年，光除草剂就花费了3.44亿美元。美国每年为控制水葫芦的繁殖蔓延就要花掉300万美元。我国每年因打捞水葫芦的费用就多达5~10亿元，由水葫芦造成的直接经济损失也接近100亿元。美国、印度、南非向联合国提交的研究报告显示，这三个国家每年受外来物种入侵造成的经济损失分别为1500亿美元、1300亿美元和800多亿美元。《中国外来入侵物种名单》是中华人民共和国政府发布的在中国危害比较大的入侵物种的一个名单。分别在2003年、2010年、2014年、2016年分4批发布，共71个物种。截至2020年8月，生态环境部发布的《2019中国生态环境状况公报》显示，全国已发现660多种外来入侵物种。

《生物多样性公约》于1993年开始生效，中国为其缔约成员国之一，公约将外来入侵物种问题作为"交叉专题"加以推进。作为全球性条约，公约要求其成员国"尽可能适当地阻止引进外来物种，控制或消除外来物种对生态系统、栖息地、当地物种可能构成的威胁"。2002年，《生物多样性公约》成员国大会采纳了一项特定决策和指导原则，帮助各个成员国执行这一要求。大会决议各成员国、政府及相关组织相互督促，优先考虑外来入侵物种发展战略问题，制定国家和地区发展计划，贯彻执行公约指导原则。

二、物种灭绝

物种是指个体间能相互交配而产生可育后代的自然群体。已经灭绝的物种是指在过去的50年里在野外没有被肯定地发现的物种。自工业革命以来，地球上已有大海雀、旅鸽、斑驴、巴厘虎等物种不复存在。世界自然保护联盟发布的《受威胁物种红色名录》表明，目前，世界上还有1/4的哺乳动物、1200多种鸟类以及3万多种植物面临灭绝的危险。

灭绝是进化过程的一个部分，已经灭绝的物种数量与现存的生物数量比大约是100∶1。

在地球上生命的发展历程中，几百万个物种经历了进化过程，也有几百万个物种已经灭绝。灭绝通常是一个缓慢的过程，因此有足够的时间来进化出新的物种。但是，偶然的，灾难或者当气候急剧变化时，会导致大量生物同时死亡。今天，人类活动正在使地球上的生物以越来越快的速度灭绝。

科学家普遍认为,在地质记录中有五次大灭绝事件。按照顺序,这些灭绝分别称为奥陶纪(4.43亿年前)大灭绝、泥盆纪(3.65亿年前)大灭绝、二叠纪(2.52亿年前)大灭绝、三叠纪(2.01亿年前)大灭绝和白垩纪(6600万年前)大灭绝。在二叠纪末期,这一时期与泛大陆Ⅱ期重合,此时,由于板块构造运动,世界上所有的大陆重新连为一体,这一变化导致全球海平面骤降;白垩纪生物大灭绝是其中最著名的一次,此次事件导致地球上约四分之三的动植物物种灭绝,包括所有恐龙。专家们认为,这是由一颗巨大的小行星或彗星撞击地球造成的,这次撞击几乎给全球环境带来灭顶之灾。

据生态环境部发布的《2021年中国生态环境状况公报》,全国34450种已知高等植物的评估结果显示,需要重点关注和保护的高等植物10102种,占评估物种总数的29.3%,其中受威胁的3767种、近危等级的2723种、数据缺乏等级的3612种。4357种已知脊椎动物(除海洋鱼类)的评估结果显示,需要重点关注和保护的脊椎动物2471种,占评估物种总数的56.7%,其中受威胁的932种、近危等级的598种、数据缺乏等级的941种。9302种已知大型真菌的评估结果显示,需要重点关注和保护的大型真菌6538种,占评估物种总数的70.3%,其中受威胁的97种、近危等级的101种、数据缺乏等级的6340种。

知识链接

物种灭绝将威胁人类生存

生物物种的灭绝,最终会破坏地球生态的平衡,威胁人类的生存。为了保护地球环境,为人类自身利益着想,我们必须采取有效措施使人类的生产、生活活动进一步规范化、合理化,从而保护和拯救生物物种。

三、生物多样性下降

地球上的生命具有两大基本特征,即延续性与复杂性。生命的延续性是指地球上的生命形式从低级到高级,从原始类型到复杂类型都具有自我复制、繁衍再生的能力。生命的复杂性是指生物的多样性或者生物体的变异性。随着人类对生物多样性研究的进一步深入,对该词汇的理解也逐渐丰富起来。

(一)生物多样性的起源与定义

生物多样性(Biodiversity)一词是由生物(Biological)和多样性(Diversity)两个词缩略合成的,最早应用在生态学研究领域,是R. A. Fisher等(1943)在研究昆虫物种多度关系时提出的,并首创了物种数与种群丰富度关系的对数分布模型。R. H. Whittker(1972)在研究植物群落演替过程时提出了生态位优先占领假说,为物种多度的几何级数分布奠定了理论基础。我国学者钱迎倩(1995)指出:生物多样性这一术语及其内涵在全球范围内被人们如此广泛地理解和接受是20世纪80年代后期的事。尤其是1992年"环境与发展"大会上《生物多样性公约》签署以来，生物多样性问题成为世人关注的焦点，爆炸性地出现在各种媒介、政府文件、科学论文和学术会议中。1988年"生物多样性"一词首次出现在《生物学文摘》（*Biologicalabstract*）数据库"BIOSIS"中，到1994年，这一词汇被提及800余次。生物多样性不再仅仅是生物学研究的重点，已经与人口，资源和环境紧密联系起来了，目的是唤起全世界对生物多样性的重视，保护人类赖以生存和发展的生物资源。

国内学者马克平等（1993）根据多年研究，给出了一个比较科学的定义：生物多样性是指地球上所有的动物、植物、微生物和它们所拥有的基因以及它们与其生存环境形成的复杂的综合体，包括动物、植物、微生物和它们所拥有的基因以及它们与其生存环境形成的复杂的生态系统。这个定义得到了科学界的广泛认同，可以看出，生物多样性是一个内涵十分丰富的重要概念，包括了多个层次和水平。

根据生态环境部发布的《2021年中国生态环境状况公报》，我国具有地球陆地生态系统的各种类型，其中森林212类、竹林36类、灌丛113类、草甸77类、草原55类、荒漠52类、自然湿地30类；有红树林、珊瑚礁、海草床、海岛、海湾、河口和上升流等多种类型海洋生态系统；有农田、人工林、人工湿地、人工草地和城市等人工生态系统。我国已知物种及种下单元数127950种。其中，动物界56000种，植物界38394种，细菌界463种，色素界1970种，真菌界15095种，原生动物界2487种，病毒655种。列入《国家重点保护野生动物名录》的野生动物980种和8类，其中国家一级野生保护动物234种和1类、国家二级746种和7类，大熊猫、海南长臂猿、普氏原羚、褐马鸡、长江江豚、长江鳄、扬子鳄等为中国所特有；列入《国家重点保护野生植物名录》的野生植物有455种和40类，其中国家一级保护野生植物54种和4类、国家二级401种和36类，百山祖冷杉、水杉、霍山石斛、云南沉香等为中国所特有。

知识链接

生物多样性公约

（二）生物多样性下降的原因

生物多样性减少的直接原因主要有生境丧失和破碎化、外来种的侵入、生物资源的过度开发、环境污染、全球气候变化和工业化的农业及林业等。但这些还不是问题的根本所在，根源在于人口的剧增和自然资源消耗的高速度，不断狭窄的农业、林业和渔业的贸易谱，经济系统和政策未能评估环境及其资源的价值，生物资源利用和保护产生的效益分配的不均衡，知识及其应用的不充分以及法律和制度的不合理。总而言之，人类活动是造成生物多样性以空前的速度丧失的根本原因，而且影响生物多样性的因素往往是复合因素。

由于人口增长而带来的对生存空间和食物需求的增长，使地球上的许多地区大面积人造景观，如农田、人工草场、人工林和人工水产养殖基地等已经取代了自然景观。人类生存空间的扩展侵占了野生动物的生存空间，这是目前物种灭绝的最主要原因。

人类历史上曾多次大规模地迁移，如盎格鲁撒克逊人迁移到北美洲和澳大利亚，西班牙人迁移到南美洲。这些殖民过程是一部开垦自然植被、猎杀野生动物的历史。移民和外来物种的引入，特别是家养动物的引入，危及了当地物种的生存。

工业革命以来，人类不仅数量迅速增长，改造自然的能力也极大地增强。我们已经有能力将长江之水拦腰截断，将莽莽北大荒开垦为农田。同时，人类活动也带来了严重的环境污染问题，如残余农药在食物链中的富集，工业废气、废水、废渣的大量排放，人们生活垃圾的堆积等。

环境污染使得许多陆地和水体不再适应野生生物的生存。由于大量排放工业废水和生活污水，一些较大的海域如地中海和阿拉伯海湾正面临着生物学死亡。一些内陆水体，如咸海的生物群落已经完全毁灭，许多特产鱼类消失了。从工厂、汽车排出的废气，是形成酸雨的主要原因，如中国重庆已经成为世界四大酸雨区之一。大气圈中二氧化碳的增长及臭氧层的消失，可能或已经在改变着地球的气候，后果是难以想象的。

（三）生物多样性的保护

生物多样性的保护包括基因多样性、物种多样性和生态系统多样性的保护。物种多样性的保护是多样性保护的基础，保护生态系统及其完整性、保护濒危物种和关键种是关注的重点。

1. 就地保护

就地保护是指保护生态系统和自然生境，维持和恢复物种在其自然环境中有生存力的种群，是保护生物多样性的最佳方式。保护区的优势在于可以维持生态系统所能提供的物质循环、保持水土、消除污染、气候调节等生态功能，也保护了物种在原生环境下的生存能力和种内遗传变异度，是对生态系统、物种和遗传多样性三个水平上的最充分、最有效的全面保护。

国家主席习近平以视频方式出席在《生物多样性公约》第十五次缔约方大会领导人峰会上指出，中国正式设立三江源、大熊猫、东北虎豹、海南热带雨林、武夷山等第一批国家公园，保护面积达 23 万平方千米，涵盖近 30% 的陆域国家重点保护野生动植物种类。国家公园属于全国主体功能区规划中的禁止开发区域，纳入全国生态保护红线区域管控范围，实行最严格的保护。第一批国家公园，都具有典型的生态功能代表性。

2. 迁地保护

许多物种不能在原地进行保护，只有在人类管理下的环境中维持个体生存，保护物种所代表的遗传多样性，这种策略是迁地保护。迁地保护主要包括物种收集和种质贮存两种类型，物种收集主要包括野外标本采集、野生物种繁殖培育以及动物园、植物园、水族馆的建设和管理等，种质贮存包括微生物培养和组织培养、植物种子和花粉库、动物精子和胚胎库及种质基因库等方式。

3. 建立全球性的基因库

建立基因库，可以来实现保存物种的愿望。比如，为了保护作物的栽培种及其会灭绝的野生亲缘种，建立全球性的基因库网。现在大多数基因库贮藏着谷类、薯类和豆类等主要农作物的种子。

国家基因库生命大数据平台（China National GeneBank Data Base，CNGBdb）是一个为科研社区提供生物大数据共享和应用服务的统一平台（Science as a Service），基于大数据和云计算技术，提供数据归档、计算分析、知识搜索、管理授权和可视化等数据服务。基于自身支撑的重大科研项目及现有资源，为生物多样性领域建立了五大专有数据库，分别是 1KP 千种植物数据库、B10K 万种鸟基因组数据库、FishT1K 千种鱼转录组数据库、MilletDB 谷子数据库、MDB 微生物组数据库。

我国是生物多样性最丰富的国家之一：拥有高等植物种类约 3.5 万种，占全球高等植物总数的 10%，居世界第三位；哺乳动物 686 种，特有率居世界首位。同时，我国也是作物遗传和林木遗传资源大国。然而近年来，受栖息地丧失、生境破碎化、资源过度利用、环境污染和气候变化等因素影响，我国已成为世界上生物多样性受威胁最严重的国家之一。仅就植物而言，《中国生物多样性红色名录 2021》评估的 34450 种高等植物中，受威胁特种共计 3767 种，占比 10.9%。

生物多样性保护，中国在行动，我国生物多样性保护取得了扎扎实实的成效。据生态环境部介绍，自 2015 年起，实施生物多样性保护重大工程，持续加大对破坏及危害生物多样性等违法活动的监督检查力度，不断跟踪评估《中国生物多样性保护战略与行动计划》（2011—2030 年）执行进展。经过不懈努力，我国 90% 的植被类型和陆地生态系统、65% 的高等植物群落、85% 的重点保护野生动物种群已得到有效保护。长时间、大规模治理沙化、荒漠化，有效保护修复湿地，生物遗传资源收集保藏量位居世界前列。

第三章
生态文明建设途径

《中共中央关于制定国民经济和社会发展第十四个五年规划和二〇三五年远景目标的建议》在"十四五"时期经济社会发展主要目标中指出，生态文明建设实现新进步，国土空间开发保护格局得到优化，生产生活方式绿色转型成效显著，能源资源配置更加合理、利用效率大幅提高，主要污染物排放总量持续减少，生态环境持续改善，生态安全屏障更加牢固，城乡人居环境明显改善。然而，建设生态文明是一个长期的、系统的历史过程，不是一蹴而就的，必须有步骤、有方法、有路径。如何有效开展生态文明建设是一个重大核心问题。

第一节 理念先行，引领生态文明建设

推进生态文明建设，必须首先立好意，这个意就是理念。理念先行，用正确的理念引领生态文明建设就能够取得事半功倍的效果。理念先行，就是要践行生态发展观、培育生态文化观，强化生态文明教育，将生态文明理念内化于生态文明建设活动之中，成为生态文明建设的理论指导和实践指南。

一、践行生态发展观

生态发展理念强调发展生态优先，并且用生态发展的观点作为评价人类经济活动，制定经济政策和经济发展战略的原则。生态发展的观点是针对传统经济发展以持续增长为唯一目标及其严重后果而提出来的，它认为经济发展与生态环境不应当相互分离，而应当相互统一并密切地交织在一起，经济发展不应当损害基本生态过程，要在经济发展的同时注意建设环境和保护环境，即经济与生态全面发展的观点。

（一）可持续发展观

可持续发展是指经济、社会、资源和环境保护协调发展，它们是一个密不可分的系统，既要达到发展经济的目的，又要保护好人类赖以生存的大气、淡水、海洋、土地和森林等自然资源和环境，使子孙后代能够永续发展和安居乐业。可持续发展与环境保护既有联系，又不等同。环境保护是可持续发展的重要方面。可持续发展的核心是发展，但要求在严格控制人口、提高人口素质和保护环境、资源永续利用的前提下进行经济和社会的

发展。

可持续发展追求整体协调，共同发展。其基本特征就是经济可持续发展、生态可持续发展和社会可持续发展。可持续发展观认为，发展的本质应当包括改善人类生活质量，提高人类健康水平，创造一个保障人们平等、自由、教育和免受暴力的社会环境。在人类可持续发展系统中，经济发展是基础，自然生态保护是条件，社会进步才是目的。

（二）生态安全观

生态安全是指生态系统的完整性和健康的整体水平，尤其是指生存与发展的不良风险最小以及不受威胁的状态，是人类在生产、生活和健康等方面不受生态破坏与环境污染等影响的保障程度，包括饮用水与食物安全、空气质量与绿色环境等基本要素。从广义上来说，生态安全还有防止由于生态环境的退化对经济发展的环境基础构成威胁，和防止由于环境破坏和自然资源短缺引起经济的衰退，影响人们的生活条件，特别是环境难民的大量产生，从而导致国家的动荡等意义。

（三）绿色科技观

绿色科技涉及能源节约，环境保护以及其他绿色能源等领域。高效、节约、环保的绿色科技产业是拉动整个世界经济最大的动力引擎。绿色科技促进人类长远生存和可持续发展，有利于人与自然共存共生的科学技术。它不仅包括硬件，如污染控制设备、生态监测仪器以及清洁生产技术，还包括软件，如具体操作方式和运营方法以及那些旨在保护环境的工作与活动。

今天，科学家已经把"绿色的理念"渗透到科学研究、技术开发、产品设计过程之中。从整体上看，绿色科技发展有如下特点：首先，绿色化学是绿色科技发展的前沿。对环境、生态和人类健康构成危害最直接原因是化学和化学工业。化学家把无污染、无公害、无毒性、环保型的化学生产技术纳入了自己的研究范围，开始了多层面、多角度、全方位地推进化学工业的"绿色化"。其次，环境洁净技术和友好技术是绿色科技的重点。环境洁净技术是指绿色科技洁净能源的技术开发和能源的洁净技术。环境友好技术是指环境无害标准优先于经济效益标准的技术研发。最后，绿色政策和绿色市场牵动绿色科技的发展。所谓"绿色政策"是指各国以可持续发展理念为核心制定的与环境保护相关法律、法规、政策和标准等。

二、培育生态文化观

生态文化就是从人统治自然的文化过渡到人与自然和谐的文化。它是培植生态文明的根基，生态文化的传承与弘扬，推进了生态文明建设的进程。生态文化的灵魂是生态哲学，体现为生态智慧。生态智慧主要表现为对生态系统的准确认识、对人与自然关系的总体反思、对生态价值的全面把握、对生态道德的伦理审视、对生态消费的深刻理解，对生态文明的根本追求等。

（一）生态价值观

生态价值是指哲学上"价值一般"的特殊体现，主要是指生态环境客体在满足人类主体多方面需求的程度。生态价值首先是一种"自然价值",即自然物之间以及自然物对自然系统整体所具有的系统"功能",是自然生态系统对于人所具有的"环境价值"。由自然条件构成的自然体系构成了人类生活的环境,是人类的"生活基地",因而"生态价值"对于人来说,最重要的价值就是"环境价值"。

对人而言,自然所具有的"经济价值"与"环境价值"是两种不同性质的价值:自然的经济价值或资源价值,是一种"消费性价值"。消费就意味着对消费对象的彻底毁灭,因而自然物对于人的资源价值或经济价值是通过实践对自然物的"毁灭"实现的;而"环境价值"则是一种"非消费性价值",这种价值不是通过对自然的消费,而是通过对自然的"保存"实现的。这就使人类生存陷入了一个难以克服的"生存悖论":如果我们要实现自然物的经济价值(消费性价值),就必须毁灭自然物;而要实现自然的"环境价值",就不能毁灭它,而是保护它。也就是说,人类不改造自然就不能生存;而改造了自然,又破坏了人的生存的环境,同样也不能生存。解决这个生存悖论的唯一途径就是,必须把人类对自然的开发和消费限制在自然生态系统的稳定、平衡所能容忍的限度以内。

(二) 生态道德观

道德本是社会意识形态之一,是调整人与人以及人与社会之间关系的行为规范之总和。由于全球性的环境污染和生态破坏已日益危及到人类的生存和发展,严酷的事实使人类不能不反思自己的行为,重新审视人与自然的关系,把人与自然的关系纳入道德的领域,构建生态伦理道德观。这是人类的一次伟大觉醒,是伦理思想史上的一次"哥白尼式"的革命。

生态道德观从新的视角建立了人与自然的关系,它从维护自然环境,保护生态平衡的目的出发对人们的行为予以道德约束。其核心思想就是代际、代内、人地等三大公平。

1. 代际公平

代际公平系指当代人与后代人公平地享有自然资源与生态资源,强调既要满足当代人的需要,又不能对满足后代人需求的能力构成危害。

2. 代内公平

代内公平系指当代人在利用自然资源、满足自身利益上机会均等,强调任何国家和地区的发展都不能以牺牲其他国家和地区的利益为代价,尤其应维护发展中国家和地区的利益。

3. 人地公平

人地公平系指人与自然界保持一种公正的关系,要求人类有意识地控制自己的行为,合理地控制利用、改造自然界的程度,维护生态系统的完整性,保护生物的多样化。

(三) 生态消费观

生态消费是一种绿色的或生态化的消费模式,它指的是既符合物质生产的发展水平,又符合生态生产的发展水平,既能满足人的消费需求,又不对生态环境造成危害的一种消费行为。当人们的消费行为具有了保护环境的功能时,这种消费就是一种生态消费。

树立科学的生态消费观念或生态消费意识，是每一个地球居民所应有的素质要求。当代社会成员在观念认识上应自觉摒弃高消费的愿望和行为，以一种既能确保自己的生活质量不断提高，又不会对生态环境构成危害的消费意识约束自己的消费行为。为了把全体国民的消费水平和消费规模纳入到适度的、生态化的可持续消费的轨道，使全体国民树立起生态消费的意识，摒弃高消费的陋习，还必须建立起一种相应的确保生态消费的社会机制。如政府通过宣传教育等方式培养和强化人们的生态消费的观念意识；通过税收等手段抑制不利于健康的消费，如烟、烈性酒，提倡节俭，反对铺张浪费；通过制定相关的法规以保护各种珍稀动物，严厉打击"杀食"珍稀动物的不法行为；通过控制社会集团购买和其他相关政策，引导合理消费等。

第二节　方式转变，创新生态技术与管理

科学技术作为一把双刃剑，它的发展不仅极大地促进了经济的增长，也成为人类满足贪欲的帮凶，使得一系列生态环境污染问题日益严重。为了解决这些问题，实现社会的可持续发展，"生态技术创新与管理"被逐步提到日程上来。

一、推进生态技术的研发

生态文明的物质基础是生态产业，它是以人与自然协调发展为中心，以自然、社会、经济等复杂系统的动态平衡为目标，以生态系统中物质循环、能量转化与生物生长的规律为依据进行经济活动的产业。推进生态技术的研发是实现生态化发展战略的基础。

（一）当代科技观及转向

科学技术是生产力的一个重要组成部分。科技创新是促进科学技术发展的重要手段，从科学技术出现的那天起就一直存在。过去的科技创新一味地追求经济利益并未注意到科技发展对自然的破坏和对社会的不利影响，由此带来了生态环境危机和社会矛盾加剧。当代科技观正在进行一个"生态化"的转向，称之为"科技创新生态化"。它一个重要特性就是调整了人与自然的关系。科技创新生态化批判地吸收了传统科技创新对人的能动作用的认识，同时扬弃了其主客二分的机械论观点。用辩证法看待人与自然的关系，强调人与自然是一个复杂的整体，人的发展必须以自然的健康发展为基础。只有自然系统的健康发展才意味着生态价值的实现。自然的价值包括两个方面：一是自然是使用价值，即自然物对人的有用性；二是自然的内在价值，即自然物之间彼此联结、相互利用而产生的动态平衡效应。生态化的科技创新主张多目标协调发展。不仅要利用自然的使用价值，还要着重保护自然的内在价值，追求自然的可持续发展，因为自然是人类存在的根基，没有了自然，就没有了人类自身。科技创新生态化是一种"人与自然关系中心主义"。只有以人为本，重新审视人与自然的关系，才能实现可持续发展。

（二）科学技术对生态环境的干预

科学技术在人类社会的进步与发展中，起着不可估量的作用。科学技术的迅猛发展，

强烈冲击着社会的各个角落,改变着社会生态环境。科学技术的发展和利用,对社会生态具有正反两个方面的影响。

1. 科学技术对生态环境的负面影响

人类对科学技术的不当使用会带来意想不到的恶果,导致地球不堪重负。①化学污染。当代人与现存生物已生活在一个被各种有毒物质毒化的环境中,这种局面不仅影响着当代人的生活,而且潜藏着摧残子孙后代的危险,科技的负面效应对人类所遭受的报复是广泛而惨重的。②人口膨胀。现代科技的杰出成就创造了发达的医学,延长了人的平均寿命,同时降低了新生婴儿的死亡率,世界人口已超过80亿。人口剧增,从各种渠道涌向城市,形成城市特别气候、形成热岛效应。如此众多的人口给生态环境造成了巨大的压力,加剧了环境污染。③资源能源减少加速。根据联合国经济合作与发展组织统计,科技先进国家每人每年平均耗能相当于6吨煤,落后国家每人每年平均不到半吨煤;先进国家每人每年用纸超120千克,落后国家每人每年用纸不到8千克;先进国家每人每天平均产生垃圾超4千克,落后国家每人每天产生垃圾不到0.5千克。

2. 现代科学技术对生态环境的积极干预

现代科学技术不是只给环境带来负效应,随着科学技术的发展,它也开始为人类服务并成功地解决了许多环境问题。①减排降耗。科技的发展使单位生产量的能耗、物耗大幅度下降,并不断开拓新能源和新材料,使发展越来越减少对资源、能源的依赖性,并减轻对环境的排污压力。②有效治理环境污染。许多国家的经验表明,技术应用带来的资源浪费和环境破坏,最终还要依靠科学技术进步来解决。③开发新能源。人类通过采用有效的技术手段开发自然资源,使资源范围从深度和广度两维拓展,低科技水平下的非资源变成高科技时代的资源。④开拓新生态领域。高科技的投入也使环境系统发生变化,太空技术的发展使外空环境改变。

(三)科学技术对生态道德的新要求

生态道德是人对整个自然生态系统的道德意识,更是人对其自身及其所处的生存环境、人类社会和整个自然界的完整的道德关怀。长期以来人类误认为自然界是可以由人类征服、能够提供给人类取之不尽用之不竭的资源的场所,人和自然的关系只是利用与被利用以及征服与被征服的关系。在这种思潮影响下,随着科学技术的飞速发展,地球生态环境的平衡迅速遭到严重破坏与退化,大批物种急剧消亡,生物多样性减少,地球资源锐减,环境被污染……目前,人类开始重新认识人与自然的关系,开始意识到人的活动是受制于大自然的发展规律的,建立尊重自然、保护自然的生态文明道德新科技观势在必行。

1. 从人类中心主义走向生态中心主义

著名生态伦理学家罗尔斯顿表示"地球上的人类代表的是道德以及伦理,因此在地球上生活应当报以感恩的心态,要转变霸占自然的冲突理论为和谐相处的温和理论"。非人类中心主义一个普遍的思想就是肯定自然界的权利与地位,如果不承认这种地位以及权利,就无法与自然和谐相处。在生态道德的构建过程中,我们应当对自然采取一定的尊重态度，同时也不能否定人类的利益诉求，忽略了人类利益，空谈保护自然资源是不现实的，缺乏了应有的的驱动力。

2. 构建科技道德规范，建设生态环境道德

科技道德规范是指在科技创新活动中规范人与社会、人与自然以及人与人关系的行为准则，它规范了科技工作者及其共同体应恪守的价值观念、社会责任和行为规范。其核心思想是使人类在从事科技发展的同时不危及到人类的生命健康和生存环境，保障人类的基本利益，保障人类文明的永续发展。在科技发展过程中，必须重视道德规范的构建，弘扬科技的正面作用，抑制或消除其负面影响，使科技更好地为人类所用。

二、加强企业生态管理

企业的生态化管理是指将生态学的思想运用于企业的经营管理中，将企业视作一个有鲜活生命的有机体，高度结合企业发展与环境保护，实现企业的可持续发展。不同于企业的传统性管理，企业的生态化管理将企业视为有机体，企业有着自己的思维模式和循环系统以及消化、免疫系统，在企业管理的过程中，能够积极运用这些功能，为客户创造价值，将企业做大做活，通过实施生态化管理，促进企业的市场竞争力，进行企业品牌的凝练等，进一步提升企业实力，促进企业的发展。

（一）培养企业生态意识

树立企业生态化管理的理念，有助于企业形成核心的竞争能力和保持快速的发展，同时也符合全球经济实施可持续发展战略的目标。它推动着企业的经济转变，是对企业传统经营模式的更新，是遵循生态学规律实现经济有序发展的一种新思想。这种新思想的出现，将实现发展经济和保护自然环境的双重目标。塑造生态型企业，首要的条件之一就是要使企业员工不断增强保护生态环境的意识，用绿色的思维、理念，营造关注绿色、保护生态的良好氛围，使绿色思想扎根于企业，融汇于企业的思想、管理工作之中，最好能结合企业的经营性质和工作实质去做。以自来水公司为例，公司以消费水资源为主，就要树立起保护水资源、合理利用水资源的意识。这样既有益于企业的健康发展，又有益于自然生态的保护。

（二）规范企业生态行为

企业应规范自身生态行为。企业在进行商务活动时应将环境成本（非可再生资源的使用、可再生资源的循环利用、废旧物品的管理、土壤和水污染的处理等）看作其商业活动整体成本的组成部分，并尽可能地采取措施降低这种成本，减少对环境的影响。

企业行为与生态文明建设和谐发展的路径选择应相一致。首先，大力发展循环经济，实施清洁生产。循环经济是一种生态保护型经济，要求运用生态学规律指导人类社会的经济活动，以低开采、高利用、低排放为特征，能够提高资源和能源的利用效率，最大限度地减少废物排放，消除和解决长期以来资源、环境与发展之间的尖锐冲突，实现社会、经济和环境的协调发展。其次，提高工艺技术水平，走新型工业化道路。技术创新是企业发展的主要动力，是生态文明建设的技术保障。企业内部必须提高创新能力，探索新资源、新能源的应用，提高产品的科技含量，从而缓解人类需要的无限性与自然资源有限性之间的矛盾，实现良好的经济效益和社会效益。

（三）完善企业生态评估

企业生态评估就是通过对企业的经济活动进行相应的管理或约束，规范其行为，从而控制其对生态环境的不利影响，同时促使企业经济活动获得显著成果。企业生态评估包括企业生态内部评估和企业生态外部评估。企业生态内部评估是组织自己或委托咨询机构人员对其环境绩效进行定期评价的过程。企业生态外部评估，也就是通常所说的第三方生态评估，是除企业外政府部门，中介机构等第三方，从企业出具的环境报告中，搜集环境绩效信息，并依据搜集的信息，测算与评估该企业的环境绩效的过程。

企业生态评估包含以下三个方面内容：①企业行为的合法合规情况。②企业活动对环境造成的影响。③企业环保措施及污染防治情况。完善企业评估将在促进企业合法合规、强化企业环境管理意识、降低企业成本、树立企业环保新形象，扩大市场占有率、吸引多方投资，促使企业上市等方面发挥越来越多、越来越大的积极作用。

三、强化企业生态自律

生态领域违法违规案件频发，很大一部分原因在于企业违法、失信成本低。近年来，生态改革不断推进，从立法、问责、执行等方面加大力度，全力打击环境违法行为，促使企业正视生态信用问题，通过提高企业生态自律、诚信意识，营造良好的环保守法氛围。

（一）生态文明建设与企业的责任

生态文明建设中的企业责任是企业社会责任的重要组成部分，是指企业力所能及地承担起环境保护、社会关爱、人与自然辩证统一的生态义务。企业作为国家技术创新和管理创新的主体，践行企业社会责任是加强生态文明建设的重要需求。

围绕生态文明建设，我国企业社会责任建设应注重以下两个方面：其一，强化企业责任意识。企业社会责任的基本理念是各种利益都能得以尊重，权利、义务、责任处于平衡之中的社会，强化企业的社会责任，既是我国经济转型升级、保持和谐稳定发展大局的需要，也是行业和企业提升自身竞争力的需要；其二，强化社会责任管理。强化企业的社会责任管理，将企业社会责任建设贯彻到企业战略创新和管理创新之中。当前，我国企业普遍存在社会责任管理缺位的问题，主要表现在企业战略规划不考虑生态因素，没有设立环境管理机构，成本效益计算范围排除环境要素等。企业不能把社会责任当做企业的一项额外工作，而是应该把社会责任融入到企业发展战略和日常经营管理中。

（二）企业的清洁生产与节能减排

就全球经济发展战略而言，21世纪是可持续发展战略行动贯彻落实的时代。我国企业在实施可持续发展战略中，推行清洁生产和实施节能减排尤为重要。这是人类经过漫长的工业化发展道路面临日益严重的环境污染之害后逐步形成的共识。

清洁生产是指对生产过程、产品和服务实行综合防治战略，以减少对人类和环境的风险。对生产过程，包括节约原材料和能源，革除有毒材料，减少所有排放物的排放量和毒性；对产品来说，则要减少从原材料到最终处理的产品的整个生命周期对人类健康和环境的影响，对服务来说，则要将环境因素纳入设计和所提供的服务之中。显然，清洁生产的目标就是实现资源消耗与污染物排放的减量化、最小化，其本身是一个不断完善的相对过程。

（三）企业生态责任与绿色战略

企业社会责任指企业在追求利润最大化、满足股东利益的同时，还应当不损害或满足其员工、消费者、供应商、所在社区和环境等方面的利益。企业生态责任是企业社会责任中的一种。它是指公司在谋求自身及股东最大经济利益的同时，还应当履行保护环境的社会义务，应当最大限度地增进作为社会公益的环境利益。

绿色战略思维和企业环境责任都有共同的关注点，即在重视企业与外部环境关系的基础上，都着眼于企业的可持续发展。企业绿色战略通常可以分为三个阶段：污染防治、清洁生产和清洁技术的开发。首先，实施可持续发展的战略的关键第一步就是要由污染控制转为污染防治。其次，清洁生产是对工艺和产品不断运用一体化的预防性环境战略，以减少其对人体和环境的负面影响。最后，企业要在兼顾经济利益的基础上更好地承担企业环境责任，更多关注科学技术这个关键因素。采用先进的生产技术和工艺，毋庸置疑可以推动企业的可持续发展。推动企业的可持续发展就要重视企业在清洁技术上的投入。

第三节　体制优化，完善生态法律与制度

一、加强生态法治建设

在我国整个法制体系建设中，生态环境法制建设起步较早，法律规范等级较高，法律体系较完备。但也要看到，我国生态环境法制也存在一些不足，其中有些问题是我国所特有的，这些问题不解决，我国生态环境法制建设就难以发展。解决这些问题的是建设中国特色的生态环境法制的关键，是生态文明建设的必由之路。

（一）生态法制建设概况

《中华人民共和国环境保护法》是为保护和改善环境，防治污染和其他公害，保障公众健康，推进生态文明建设，促进经济社会可持续发展制定的国家法律，由中华人民共和国第十二届全国人民代表大会常务委员会第八次会议于 2014 年 4 月 24 日修订通过，自 2015 年 1 月 1 日起施行。新《环保法》进一步明确了政府对环境保护监督管理职责，完善了生态保护红线等环境保护基本制度，强化了企业污染防治责任，加大了对环境违法行为的法律制裁，法律条文也从原来的 47 条增加到 70 条，增强了法律的可执行性和可操作性，被称为"史上最严"的《环保法》。

新《环保法》引入了生态文明建设和可持续发展的理念，明确了保护环境的基本国策和基本原则，完善了环境管理基本制度，突出强调政府监督管理责任，设信息公开和公众参与专章（第五章），强化了主管部门和相关部门的责任，强化了企事业单位和其他生产经营者的环保责任，完善了环境经济政策。鼓励投保环境污染责任保险，加大了违法排污的责任，解决了违法成本低的问题，新《环保法》加大了处罚力度。

除此之外，《中华人民共和国宪法》第九条、第十条、第二十二条、第二十六条规定了环境与资源保护。具体的法律法规有：①环保法律：包括《中华人民共和国环境保护法》《中华人民共和国水污染防治法》《中华人民共和国大气污染防治法》《中华人民共和国固体废物污染环境防治法》《中华人民共和国环境噪声污染防治法》《中华人民共和国海洋环境保护法》。②资源保护法律：包括《中华人民共和国森林法》《中华人民共和国草原法》《中华人民共和国渔业法》《中华人民共和国农业法》《中华人民共和国矿产资源法》《中华人民共和国土地管理法》《中华人民共和国水法》《中华人民共和国水土保持法》《中华人民共和国野生动物保护法》《中华人民共和国煤炭管理法》。③环境与资源保护方面：主要有《水污染防治法实施细则》《大气污染防治法实施细则》《防治陆源污染物污染海洋环境管理条例》《防治海岸工程建设项目污染损害海洋环境管理条例》《自然保护区条例》《放射性同位素与射线装置放射线保护条例》《化学危险品安全管理条例》《淮河流域水污染防治暂行条例》《海洋石油勘探开发环境管理条例》《陆生野生动物保护实施条例》《风景名胜区管理暂行条例》《基本农田保护条例》。④《新刑法》在第六章"妨害社会管理秩序罪"中增加了破坏环境资源保护罪。

（二）生态环境法律的基本原则

《环保法》的基本原则，是指为《环保法》所遵循、确认和体现并贯穿于整个《环保法》之中，具有普遍指导意义的环境保护基本方针、政策，是对环境保护实行法律调整的基本准则，是《环保法》本质的集中体现。环保法的基本原则有：

1. 环境保护与社会经济协调发展的原则

这一原则是指正确处理环境、社会、经济发展之间相互依存、相互促进、相互制约的关系，在发展中保护，在保护中发展，坚持经济建设、城乡建设、环境建设同步规划、同步实施、同步发展，实现经济、社会、环境效益的统一。

2. 预防为主、防治结合、综合治理的原则

该原则是指预先采取防范措施，防止环境问题及环境损害的发生；在预防为主的同时，对已经形成的环境污染和破坏进行积极治理；用较小的投入取得较大的效益而采取多种方式、多种途径相结合的办法，对环境污染和破坏进行整治，以提高治理效果。如合理规划、调整工业布局、加强企业管理、开发综合利用等。

3. 污染者治理、开发者保护的原则

该原则也称"谁污染谁治理，谁开发谁保护"的原则，是明确规定污染和破坏环境与资源者承担其治理和保护的义务及其责任。

4. 政府对环境质量负责的原则

地方各级人民政府对本辖区环境质量负有最高的行政管理职责，有责任采取有效措施，改善环境质量，以保障公民人身权利及国家、集体和个人的财产不受环境污染和破坏的损害。

5. 依靠群众保护环境的原则

该原则也称环境保护的民主原则。是指人民群众都有权利和义务参与环境保护和环境管理，进行群众性环境监督的原则。

（三）生态环境法律的实施与生态文明教育的开展

生态环境法律属于环境法学的范畴。环境法学教育与环境伦理教育、环境技能教育并称为环境教育的三大基本内容。环境技能教育传授环境知识，建立科学的环境认知；环境伦理教育培养对环境的感情，树立正确的环境价值观；环境法学教育弘扬环境法律，确立良好的环境社会秩序，三者缺一不可。

在现代社会，环境保护和生态文明的实现归根到底要靠法治。制定良好的环境法律制度并确保其实施，是生态文明建设的基本途径。只有当一个社会的公民知法、守法、懂法、用法，普遍遵守环境义务，并能够有效地运用法律武器捍卫自己的环境权益时，生态文明的实现才有希望。而环境法治能否实现，或者说能在多大程度上实现，与环境法学教育的水平密切相关；如果没有兼具丰富的环境知识、深厚的环境伦理和良好的法律专业技能的环境法律人才，就难以制定出完善的环境法律制度；而没有对环境法的宣传普及和法治文化的推动塑造，已制定的环境立法也难得到普遍遵守和高效实施。从这个意义上说，环境法学教育实乃关系环境保护和生态文明建设的成败的大事。

二、完善环境决策与制度建设

生态文明建设是一项系统工程，需要从全局高度通盘考虑，搞好顶层设计和整体部署。要针对生态文明建设的重大问题和突出问题，加强顶层设计和整体部署，统筹各方力量形成合力，协调解决跨部门跨地区的重大事项，把生态文明建设要求全面贯穿和深刻融入经济建设、政治建设、文化建设、社会建设各方面和全过程。完善环境决策对生态文明建设具有重大影响，为尽量避免决策失误带来的生态破坏，必须从建立源头严防的制度体系。

（一）决策失误与生态破坏

决策失误是指政府决策人员或组织由于疏忽或决策水平不高，作出的决策缺乏全面性、预见性，而使决策效果出现差错，造成损失。失误的政府决策不但难以实现政府目标，反而会浪费大量的资源，甚至产生环境污染的累积。

决策失误的主要原因有三：一是决策者决策水平有限、盲目决策；二是政府决策透明度低，当决策当事人责任意识淡薄，轻率决策就会导致决策失误；三是基层政府的自利性扩张，政府是社会公共事务的管理者和社会公共产品的提供者，体现为社会公共利益具有公利性。同时，政府本身是一种社会组织，拥有对行政权力的直接行使权，会追求自身的利益，具有自利性。可见，决策者决策水平的有限性、政府决策的透明度低、基层政府的自利性扩张导致了生态环境的破坏，从而使环境问题累积并蔓延、加深。

为了尽量减少政府决策对生态环境造成的负面效应，要做到：从内在角度提高政府决策者科学决策的能力，加强决策的制度化建设；从外在角度明确政府决策成败的评估标准，加强对政府决策的监督，建立并完善政府问责制。内外结合，提高政府决策的科学性。

（二）生态决策的价值取向

生态决策，就是指以生态价值理念为指导，在开发与社会发展等决策活动中把生态环境因素作为决策的最基本因素予以考虑的决策论证、评价以及实施的过程。

生态价值取向是生态行政决策的前提。任何一项决策首先需要考虑的是价值问题，它是决策主体作出的"需要不需要""值不值得"的判断，这种判断依赖于决策者的价值观念体系，其影响主要表现在决策价值目标的确定上。行政决策的价值目标包含了多种方面，应该说是一个复杂的价值体系，它不仅有对主体的影响价值，还有对客体即生态环境的影响价值。在影响主体上我们可以归纳为三种价值：一是决策事项本身的价值，即决策事项本身的有用性，或者实用性；二是决策事项的社会价值，即应用价值所产生社会影响，包括在交通、经济等方面对于社会带来的效能价值；三是决策事项对决策者的价值，对决策者的价值在于能否表现决策者的政绩等，对于某些私心重的决策者还会考虑自己在决策过程中有什么经济利益等。价值的判断不仅是原始价值，更重要的是延伸价值。在影响客体上主要是对生态环境的价值，即是否有利于对生态环境的保护，或者至少不是生态环境遭到破坏。这种价值不仅体现了人类对自身价值的关怀，同时也把价值关怀推广到与人类以外的自然界。

决策者的价值取向是实现决策民主化与科学化的关键，决策者不但需要求真务实、开拓创新、无私奉献的品格，而且需要有丰富的生态知识和水平。为尽量避免决策失误，可以采取以下方法：①加强对政府决策者的教育与培训，让他们树立终身学习的观念。在学习管理知识的同时，还要学习决策科学方面的相关知识，让决策者深刻意识到政府决策对生态环境的重要影响，不断提高他们科学决策的水平，减少由于决策失误而带来的生态环境方面的损失。②加强决策思维的培养。使决策者的决策取向从片面追求经济发展转向经济发展与环境保护相协调，从局部利益到局部利益与全局利益相统一，从而在整顿关停污染企业的同时选择有利于保护资源和环境的产业结构和消费方式，加强资源的综合利用，特别要加强对不可再生资源的节约与保护，做到决策以环境为根，以人为本。③案例教育。选择政府决策对生态环境产生影响的反面典型案例，对政府决策者进行警示教育，引起他们对生态环境的高度重视。通过对一些决策失误的相关数据和失误原因的判析，增强政府决策者的决策风险意识和责任感，增加自我约束，减少盲目决策、主观决策和经验决策，迫使政府决策者不断提高自身的科学决策能力。④加强决策监管体系的建设。对重大决策失误要追究责任。

(三)科学的生态文明决策

党的十八大报告指出:"面对资源约束趋紧、环境污染严重、生态系统退化的严峻形势,必须要树立尊重自然、顺应自然、保护自然的生态文明理念,把生态文明建设放在突出地位,融入经济建设、政治建设、文化建设、社会建设各方面和全过程,努力建设美丽中国,实现中华民族永续发展。"这是中共中央重大的政治决策,是作为占人类五分之一人口的中国的"生态文明宣言",具有划时代意义、跨文化意义和世界意义。

第四节 生态修复,践行生态文明理念

进入新时代,我国社会主要矛盾转化为人民日益增长的美好生活需要和不平衡不充分的发展之间的矛盾,这对生态环境保护提出了诸多新的要求。以习近平同志为核心的党中央立足于中华民族伟大复兴的战略全局和世界百年未有之大变局——"两个大局",充分发挥我国的政治优势——党的领导和我国社会主义制度能够集中力量办大事,以改革开放40年来积累的坚实物质基础,大力推进生态文明建设,解决生态环境问题,先后作出了污染防治攻坚战和国家生态保护与修复重大工程等具有时代意义的战略决策。

一、污染防治攻坚战

(一)污染防治攻坚战的提出

2018年4月2日,第一次中央财经委员会会议首次提出污染防治攻坚战,并构建污染防治攻坚战的基本轮廓。2018年5月18—19日,在北京召开的污染防治攻坚战专项会议——全国生态环境保护大会,进一步阐明了该攻坚战的时代背景、重要性与艰巨性。2018年6月16日,《中共中央 国务院关于全面加强生态环境保护坚决打好污染防治攻坚战的意见》被正式颁布,对污染防治攻坚战的总体目标和基本原则进行了明确,并指出"坚决打赢蓝天保卫战""着力打好碧水保卫战"和"扎实推进净土保卫战"是污染防治工作的核心。2018年7月9—10日,十三届全国人大常委会第四次会议表决通过了《全国人民代表大会常务委员会关于全面加强生态环境保护依法推动打好污染防治攻坚战的决议》,对"标志性重大战役"进行了进一步丰富,提出了"7+4"组合行动的概念。

(二)污染防治攻坚战的核心内容

为有效完成污染防治攻坚战,全面建成小康社会,国家和有关部门对污染防治攻坚战设定了总体目标,并且开展了"7+4"组合行动。

国家污染防治攻坚战的总体目标:到2020年,我国生态环境质量要总体得到改善,主要污染物排放总量大幅减少,环境风险能够有效管控,生态环境保护水平与全面建成小康社会的目标相适应。

中长期发展目标:加快推进生态文明体系的构建,使得我国节约资源和保护生态环境的空间格局、产业结构、生产方式、生活方式在2035年能够总体形成,生态环境质量得

到根本性好转，美丽中国的目标基本能够实现。到 2050 年左右，生态文明得到全面提升，生态环境方面的国家治理体系和治理能力能够实现现代化。

1. 七场标志性重大战役

2018 年 3 月 9 日，环境保护部与水利部联合印发了《全国集中式饮用水水源地环境保护专项行动方案》，其目的是：解决一些地区饮用水水源保护区边界不明、违法较多、环境风险隐患突出等问题，保障人民群众的饮用水安全。

2018 年 6 月 27 日，国务院印发了《打赢蓝天保卫战三年行动计划》，其目的是：以京津冀及周边地区、长三角地区、汾渭平原等区域为重点，持续推进大气污染防治行动，对产业结构、能源结构、运输结构及用地结构进行优化，加强区域大气污染联防联控，重点关注秋冬季污染治理，坚决打赢蓝天保卫战，达到环境效益、经济效益和社会效益多赢的局面。

2018 年 9 月 30 日，住房和城乡建设部与生态环境部联合印发了《城市黑臭水体治理攻坚战实施方案》，其目的是：对城市黑臭水体进行全面整治，对各城市环境基础设施短板加快补齐，将城市黑臭水体在 3 年内实现有效治理，增强人民群众的获得感与幸福感。

2018 年 11 月 6 日，生态环境部与农业农村部联合印发了《农业农村污染治理攻坚战行动计划》，其目的是：依照乡村振兴战略实施的总要求，对污染治理、循环利用和生态保护加以强化，对农村人居环境治理和农业生产生活方式按照绿色生态方式进行深入推进提升，对农业农村生态环境保护突出短板及时补齐，使得广大农民群众的获得感和幸福感进一步增强，为全面建成小康社会打下坚实基础。

2018 年 11 月 30 日，生态环境部、国家发展和改革委员会、自然资源部联合印发了《渤海综合治理攻坚战行动计划》，其目的是：将渤海生态环境质量改善作为工作核心，多措并举、科学谋划，保障渤海生态环境维持稳定、三年综合治理见到实效。

2018 年 12 月 30 日，生态环境部、发展改革委等 11 部委联合印发了《柴油货车污染治理攻坚战行动计划》，其目的是：坚持统筹"油、路、车"治理，将京津冀及周边地区、长三角地区、汾渭平原相关省（市）和内蒙古自治区中西部等区域作为重点区域，对柴油车超标排放进行全链条治理，使污染物排放总量明显减低，使区域空气质量得到明显改善。

2018 年 12 月 31 日，生态环境部、国家发展和改革委员会联合印发了《长江保护修复攻坚战行动计划》，其目的是：将长江生态环境质量改善作为工作核心，着力解决长江流域的突出生态环境问题，使长江生态功能逐步恢复，环境质量不断改善，实现中华民族的母亲河永葆生机活力。

2. 四个专项行动

《禁止洋垃圾入境推进固体废物进口管理制度改革实施方案》主要目标为：对固体废物进口加大管理，2017 年底前，对环境危害大、群众反映强烈的固体废物实现全面禁止；2019 年底前，对国内资源可以替代的固体废物逐步停止。

"绿盾"行动是为加强对自然保护区保护，查处和解决涉及国家级自然保护区的违法违规问题，针对国家级自然保护区监督检查专项行动。

《关于坚决遏制固体废物非法转移和倾倒进一步加强危险废物全过程监管的通知》将有效防控固体废物环境风险作为行动目标，对固体废物特别是危险废物非法转移倾倒引发的突发环境事件进行有效防控。

《垃圾焚烧发电行业达标排放专项整治行动方案》是为了解决生活垃圾焚烧行业"邻避效应"突出的生态环境问题，让垃圾焚烧发电行业周边人民群众拥有美好的生活环境，引导行业健康有序发展。

（三）污染防治攻坚战阶段性目标全面胜利完成

经过国家多个部委及地方政府和相关行业三年的共同努力，污染防治攻坚战成效显著，取得了前所未有的成绩。

1. 污染防治攻坚战阶段性目标胜利完成

大气污染防治成效显著：化学需氧量、氨氮排放总量分别累计减少25.5%、19.7%，二氧化硫、氮氧化物排放总量分别累计减少13.8%、15.0%，细颗粒物未达标地级及以上城市浓度累计下降28.8%，地级及以上城市空气质量优良天数比率达到87%，上述指标均超过了各攻坚目标。全面实现了"大气十条"和蓝天保卫战目标，超额完成了燃煤电厂超低排放改造任务，积极稳妥推进北方地区清洁取暖工作，京津冀等重点区域空气质量得到明显好转。

碧水保卫战成效显现：地表水达到或好于Ⅲ类水体比例提高到83.4%，实现了占比70%以上的目标；劣Ⅴ类水体比例降至0.6%，远低于5%的最高上限。长江、黄河等重点流域区域水污染治理工作得到有序快速推进，大江大河干流水质得到稳步提升，饮用水水源地保护得到有力落实，地级及以上城市建成区黑臭水体消除比例超过96%，远高于目标值90%的最低下限。河长制湖长制全面推行，近岸海域污染治理力度不断加强，围填海和占用自然岸线的开发建设活动得到严格控制。

净土保卫战扎实推进，对农用地土壤污染状况完成详查工作，对重点行业企业用地土壤污染状况调查工作稳步推进，阶段性取得了完成耕地周边涉重金属重点行业企业排查整治工作、城镇人口密集区危险化学品生产企业搬迁改造专项工作成效，固体废物零进口目标基本实现。

2. 生态系统质量和稳定性不断提升

主体功能区布局和生态安全屏障在加快建成，逐步落实生态保护红线、永久基本农田和城镇开发边界三条控制线划定工作。依托国家公园为主体的自然保护地体系正在加快构建，国土绿化行动得以有序推进，进一步巩固了海洋生态安全屏障，不断对生态廊道和生物多样性保护网络加以完善，对内陆七大重点流域禁渔期制度实现全覆盖管理。

3. 绿色发展方式和生活方式逐步形成

在能源生产消费获得了突破性进展，能源消耗总量有效控制在50亿吨标准煤以下，单位GDP能源消耗累计降低13.2%，非化石能源占一次能源消费比重提升至15.9%，消费增量 60% 以上由清洁能源供应，单位 GDP 二氧化碳排放累计下降 18.8%。全面推进最严格水资源管理制度和节水型社会建设工作，万元 GDP 用水量累计降低 25%，持续推进高耗水行业和园区节水改造工作，农田灌溉水有效利用系数提升至 0.56。城市污水处理率提升至 96.8%、生活垃圾无害化处理率提升至 99.2%，农村卫生厕所普及率大于 68%。全面推进绿色生活创建行动，生活垃圾分类处理系统已在 46 个重点城市已基本建成，珍惜粮食、杜绝餐饮浪费，简约适度、绿色低碳、文明健康的生活理念已在全社会广泛深入人心。

4. 生态文明制度体系加快形成

初步构建完成生态文明基础制度框架，初步形成"多规合一"的国土空间规划体系。环境治理体系改革不断深化，中央生态环境保护督察制度得到有效构建推行，对省以下环保机构监测监察执法实施垂直化管理，对固定污染源排污许可实现全覆盖，初步建立了党委领导、政府主导、企业主体、社会组织和公众广泛参与的多元环境共治体系。持续推进资源有偿使用和生态补偿制度建立工作，相关绿色经济政策被有序的推动实施。基本完成了生态文明绩效评价考核和责任追究制度建立工作。

二、国家生态保护与修复重大工程

在党的十九大报告和中央全面深化改革委员会 2019 年工作中均将"实施重要生态系统保护和修复重大工程，优化生态安全屏障体系"列为重要改革举措和工作要点，2019 年《政府工作报告》中再次提到"加强生态系统保护修复"。2020 年 6 月，由国家发展改革委牵头多部门参与的《全国重要生态系统保护和修复重大工程总体规划（2021—2035 年）》（以下简称《规划》），经中央全面深化改革委员会第十三次会议审议通过。

（一）国家生态保护与修复重大工程的开展背景

自党的十八大以来，以习近平同志为核心的党中央站在中华民族永续发展的战略高度，将生态文明建设工作融入到"五位一体"总体布局、新时代基本方略、新发展理念和三大攻坚战中，开展了一系列具有根本性、开创性、长远性意义的工作，使得我国生态环境保护工作局面发生了历史性、转折性、全局性变化。同时我国自然生态系统总体仍较脆弱，生态环境保护与修复工作所存在的问题依然较为突出。

开展重大生态系统保护和修复工程，是实现生态文明建设的重要举措，是国家生态安全的重要基础，是满足人民群众对美好生活环境诉求的重要途径，是践行绿水青山就是金山银山理念、实现人与自然和谐共生的有效措施。

（二）国家生态保护与修复重大工程的总体要求

国家生态保护与修复重大工程以习近平新时代中国特色社会主义思想为指引，将全面提升我国生态安全屏障质量和促进生态系统良性循环与持续利用作为行动目标，将统筹山水林田湖草一体化保护和修复作为工作开展主线，科学布局和推动重要生态系统保护与修复重大工程，将生态系统自我修复能力的提升作为工作重点，使生态系统稳定性得到有效提升，生态系统功能得到明显提升，生态产品供给得到全方位扩增，创建生态保护和修复工作的新格局，使我国生态系统治理体系和治理能力实现现代化、为实现美丽中国奠定坚实的生态基础。

在时间上，到2035年，我国生态保护与修复工作得到全面加强，全国自然生态系统状况实现根本性好转，生态系统质量取得明显改善，生态服务功能取得显著提高，生态稳定性不断增强，自然生态系统基本实现良性循环，基本建成国家生态安全屏障体系，优质生态产品供给能力基本满足人民需要，基本实现人与自然和谐共生的良好局面。

（三）国家生态保护与修复重大工程

依据《全国重要生态保护和修复重大工程总体规划（2021—2035年）》，我国重大修复工程在地理空间分布上主要在青藏高原生态屏障区、黄河重点生态区（含黄土高原生态屏障）、长江重点生态区（含川滇生态屏障）、东北森林带、北方防沙带、南方丘陵山地带、海岸带等"三区四带"共七个区域，同时又增加了自然保护地及野生动植物保护、生态保护和修复支撑体系等2项单项工程及相应的任务，总计9项重大修复工程，47项具体任务。

1. 青藏高原生态屏障区生态保护和修复重大工程

核心目的：借助高寒生态系统自然恢复，立足三江源草原草甸湿地生态功能区等7个国家重点生态功能区，对草原、河湖、湿地、冰川、荒漠等生态系统进行全面保护，推动国家公园为主体的自然保护地体系构建步伐，对原生地带性植被、特有珍稀物种及其栖息地的保护力度不断加强，强化沙化土地封禁保护，科学利用天然林草自然恢复、退化土地治理、矿山修复和人工草场构建等人工措施，加强区域内野生动植物种群恢复及生物多样性保护工作，使高原生态系统结构完整性与功能稳定性得到有效提升。

2. 黄河重点生态区（含黄土高原生态屏障）生态保护和修复重大工程

核心目的：按照"共同抓好大保护，协同推进大治理"要求，将黄河流域生态系统稳定性提升作为工作重点，上游重点提升其水源涵养能力、中游做好水土保持工作、下游加强湿地生态系统及生物多样性保护工作，立足黄土高原丘陵沟壑水土保持生态功能区，水土流失综合治理按照小流域的模式进行推进，将多沙粗沙区作为重点水土保持和土地整治对象，坚持选取适宜的生态类型进行修复工作，对林草植被保护和建设按照科学的角度有序推进，对植被覆盖度进行提升，对退化、沙化、盐碱化草场加快治理，对黄河三角洲等湿地开展保护与修复工作，对地下水超采实施综合治理，对矿区加强综合治理与生态修复力度，对区域内水土流失状况进行有效遏制，对自然保护体系建设进一步完善并对区域内生物多样性开展保护工作。

3. 长江重点生态区（含川滇生态屏障）生态保护和修复重大工程

核心目的：坚持"共抓大保护、不搞大开发"的发展理念不动摇，通过对亚热带森林、湿地、河湖等生态系统的综合整治和自然恢复，通过川滇森林及生物多样性生态功能区等6个国家重点生态功能区，加强对森林、湿地、河湖生态系统保护，给自然生态系统恢复和重建的时间与空间，加大天然林保护、退田（圩）还湖还湿、退耕退牧还林还草、矿山生态修复、土地综合整治，注重森林生态质量精准提升、河湖与湿地修复、石漠化综合整治等，切实加强对珍稀濒危野生动植物及其栖息地保护恢复，使区域水源涵养能力和水土保持等生态功能进一步增强，对河湖、湿地生态系统稳定性和生态服务功能进行逐步提升，对长江绿色生态廊道构建工作加快推进。

4. 东北森林带生态保护和修复重大工程

核心目的：将"森林是陆地生态系统的主体和重要资源，是人类生存发展的重要保障"作为生态修复的原则宗旨，有序推进森林生态系统、草原生态系统自然恢复，借助区域内3个国家重点生态功能区，对森林、草原、河湖、湿地等生态系统的保护工作全面进行加强，大力开展天然林保护与修复，连通重要生态廊道，使重点区域沼泽湿地和珍稀候鸟迁徙地、繁殖地等自然保护区保护管理工作得到切实加强，积极推动水土流失治理、退耕还林还草还湿、矿山生态修复及土地综合整治等生态修复治理工作，使区域生态系统功能得到稳步提升，使国家东北森林带生态安全得到切实保障。

5. 北方防沙带生态保护和修复重大工程

核心目的：大力开展森林、草原和荒漠生态系统的综合整治和自然恢复工作，借助京津冀协同发展需要和塔里木河荒漠化防治生态功能区等6个国家重点生态功能区，对森林、河湖、湿地、草原、荒漠等生态系统进行全面保护，防护林体系建设工程、水土流失综合治理、退化草原修复、京津风沙源治理、退耕还林还草生态保护举措持续推进，对河湖修复、矿山生态修复、湿地恢复、土地综合整治、地下水超采综合治理等工作持续开展，林草植被盖度进一步增加，使其防风固沙、水土保持、生物多样性等功能进一步增强，使自然生态系统质量和稳定性得到提高，筑牢我国北方生态安全屏障。

6. 南方丘陵山地带生态保护和修复重大工程

核心目的：以提升森林生态系统质量和稳定性为导向，依托南岭山地森林及生物多样性重点生态功能区，在对常绿阔叶林等原生地带性植被全面保护的基础上，森林质量精准提升和中幼林抚育及退化林修复工作科学实施，对水土流失和石漠化区域大力开展综合治理，逐步推进矿山生态修复、土地综合整治等工作，对河湖生态保护修复工作进一步加强，加大对濒危物种及其栖息地保护，连通生态廊道，使生物多样性保护网络逐步完善，开展有害生物防治，筑牢南方生态安全屏障。

7. 海岸带生态保护和修复重大工程

核心目的：基于辽东湾等12个重点海洋生态区和海南岛中部山区热带雨林国家重点生态功能区，对自然岸线进行全面保护，对过度捕捞等人为威胁进行严格控制，将入海河口、海湾、滨海湿地与红树林、珊瑚礁、海草床等多种典型海洋生态类型的系统保护和修复作为工作重点，综合开展岸线岸滩修复、生境保护修复、生态灾害防治、外来入侵物种防治、海堤生态化建设、防护林体系建设和海洋保护地建设工作，对近岸海域生态质量进行改善，对退化的典型生境进行恢复，对候鸟迁徙路径栖息地进行保护，促进海洋生物资源恢复和生物多样性保护，对海岸带生态系统结构完整性与功能稳定性进行提升，提高海洋灾害抵御能力。

8. 自然保护地建设及野生动植物保护重大工程

核心目的：落实党中央、国务院关于建立以国家公园为主体的自然保护地体系的指导意见，推动的保护管理得到切实加强，对包括三江源、祁连山、大熊猫、东北虎豹、海南热带雨林、珠穆朗玛峰等各类自然保护地、重要自然生态系统、自然遗迹、自然景观和濒危物种种群保护进一步加强，对重要原生生态系统整体保护网络进行构建，对自然保护地范围进行合理调整并勘界立标，科学划定自然保护地功能分区工作；对重点保护地域内的历史遗留问题依据管控规则进行分类有序解决，对核心保护区内原住居民逐步实施有序搬迁和退出耕地还林还草还湖还湿等工作；对主要保护对象及栖息生境的保护恢复工作要继续加强，连通生态廊道；建设智慧管护监测系统，推进配套基础设施及自然教育体验网络的建立健全工作；对野生动植物资源开展普查和动态监测，建设珍稀濒危野生动植物基因保存库、救护繁育场所，对古树名木保护体系进行完善。

9. 生态保护和修复支撑体系重大工程

核心目的：加大对生态保护和修复基础研究和关键技术攻关工作以及技术集成示范推广与应用，推进重点实验室、生态定位研究站等科研平台建设工作。建立国家和地方相协同的"天空地"一体化生态监测监管平台及生态保护红线监管平台。提升森林草原火灾预防和应急处置能力，增强有害生物防治能力，对基层管护站点建设水平进行提升，对相关基础设施进行完善。建设海洋生态预警监测体系，使得海洋防灾减灾能力得到提升。实施生态气象保障重点工程，提升气象监测预测对生态保护和修复的服务能力。

（四）国家生态保护与修复重大工程意义

1. 是新时代我国开展生态保护和修复工作的基本纲领

国家生态保护和修复重大工程规划从其所涉及的生态类型、空间范围、计划实施内容及时间跨度4个维度来看，《规划》将作为一个纲领性文推动当前和今后一段时期全国生态保护和修复工作，抓好《规划》的有序开展，将是全国生态保护和修复工下一阶段工作的核心。

2. 是促进自然生态系统治理体系和治理能力现代化的重要抓手

国家生态保护和修复重大工程规划中明确的这些重大工程是推动全国和指导各地因地制宜探索完善有效的自然生态系统保护和修复的模式，是加快自然生态系统治理体系和治理能力现代化的一个主战场。

3. 为各区域进一步落实新发展理念、加快转变发展模式提供了重要指引

国家生态保护和修复重大工程规划中明确的主要思路和重点任务是有关地区，特别是重点工程区加快推进生态保护和修复工作的基础性任务，其实施成效是衡量当地党委、政府落实新发展理念的重要标志，也为有关地区加快转变发展方式提供了重要的指导。

第四章
自然资源　生态文明重要载体

第一节　关爱森林，人类共同责任

森林资源，包括森林、林木、林地以及依托森林、林木、林地生存的野生动物、植物和微生物。狭义的森林资源主要指的是树木资源，尤其是乔木资源。广义的森林资源指林木、林地及其所在空间内的一切森林植物、动物、微生物以及这些生命体赖以生存并对其有重要影响的自然环境条件的总称。

一、森林资源保护对生态环境建设的作用

（一）解决淡水资源短缺

当前，随着全球生态环境的恶化和水污染的日益严重，淡水短缺成了困扰人类的一个重大问题。2016年是第24个世界水日，联合国"世界水资源评估计划"（WWAP）在2015年报告中指出，以目前的用水比率推算，全球在15年后将缺少40%用水，随着全球经济逐年增长，人类若不减少用水，到2030年可能将面临缺水危机。我国是淡水资源稀缺国家，人均淡水资源仅为世界人均量的1/4，居世界第121位，被联合国列为全世界人均水资源最赤贫的国家之一，全国六百多个城市中，有三百多个城市不同程度存在缺水现象，其中严重缺水的有108个。以河北省为例，全省累计超采地下水600亿立方米，其中深层地下水300亿立方米已无法补充，再有15年，石家庄的地下水就能采完，西部的许多地区，因地下水超采严重，大片已成活多年的树木枯死，必须从源头上抑制地下水的过度开采。

一片森林就是一个巨大的固体水库，对水循环系统具有重大的调节功能。雨水落到森林地面会被植物根系所吸收，渗透到土壤中变成地下水，进而汇聚，满足人类对淡水所需。茂密的森林也影响到降雨量的多少，形成了一个相对完整的降水循环系统。森林中多种植物、河流以及潮湿的地面，被太阳蒸发后形成云层，在风的吹拂下，云层总是围绕着森林的周围徘徊，条件成熟时就会形成大量降雨，重新滋润森林系统，形成良性的生态循环，因此茂密的原始森林气候变化无常，降雨量极其丰富，淡水资源也较为丰富，因此森林成为解决人类未来淡水资源短缺的重要基地。

(二) 满足人类对健康的需求

现代工业造成的空气污染，大量农药导致的食品污染，手机电脑等电磁辐射，光、噪音以及核污染等诸多的问题对人类的健康构成新的挑战。

森林能吸收有毒气体和烟尘。工业生产、汽车尾气中的有害气体，如二氧化硫、氟化氢等对人非常有害，空气中的烟尘和粉尘吸入体内，能引起多种疾病。植物尤其是林木能吸收有毒气体，吸收二氧化碳，产生大量氧气，使空气变得清洁。一亩有林地一年可吸收有毒气体30~40千克，世界上的森林和植物一年能产生4千亿吨氧气，1公顷森林一年能吸收50~70吨尘土，使阳光的有害影响缩小10~51倍。树叶表面粗糙不平，多绒毛，分泌黏性油脂或汁液，能吸附空气中大量灰尘，保护人类的健康。

森林能杀灭细菌。火车站等人口密集的公共场所，空气中的细菌最多，据测试每立方米空气中细菌含量为30000~50000万个，而森林公园只有1500~3000个。树木有分泌杀菌素的功能，据测算1公顷松柏林每天能分泌杀菌素30千克。所以，绿化对杀菌、灭菌，提供新鲜空气，保护人类健康具有重要作用。

森林能减少噪音。当置身于绿树成荫的道路或公园之时，人们会感到舒适、宁静，这是因为森林具有清除噪音的功能。当噪音超过60分贝，对人就有危害，超过100分贝，就会影响听力。林木能隔挡噪音，据测定，30米宽的林带可以减低噪音10~15分贝。公园中成片树林，可以减低噪音30~40分贝。绿化的街道比不绿化的街道可降低噪音8~10分贝。

森林环境能产生大量空气负离子和植物精气，对人体的生命活动有着很重要的影响，有人称其为"空气维生素""空气长寿素"。空气负离子有调节神经和促进血液循环，改善心肌功能，促进人体新陈代谢，减缓人体器官衰竭，增进健康达到延年益寿的效果。树木器官所释放出来的挥发性有机物，这种有芳香气味的有机物被称为"植物精气"，据测试，植物精气能使人精神饱满，神清气爽，具有防病、治病、强身健体之功效。

(三) 水土保持和水源涵养

森林在保持水土方面的作用已经很少有争议。我国长江、黄河、珠江三大流域森林覆被率分别为22%、5.8%、26.7%，年平均土壤侵蚀模数分别为512、3700、190吨/平方千米，可以看出森林对保持水土流失的宏观作用。对于小地域来讲，森林的作用更明显。森林所起作用的大小与许多因素有关，在其他条件相同时，森林的"自然化"程度越高保土能力越强。大兴安岭林区是东北松嫩平原和内蒙古呼伦贝尔草原的天然屏障，为松嫩平原营造了适宜的农业生产环境，减缓了呼伦贝尔草原的沙化过程，大兴安岭林区对黑龙江、嫩江流域内的500多条河流（年流量150亿立方米）有着重要的水源涵养和调节作用，为齐齐哈尔、大庆和松嫩平原提供宝贵的工农业生产及生活用水。

(四) 调节气温、增加湿度、降低风速

林木的树冠有吸收和反射阳光的作用。树冠能吸收35%~40%的热量，反射阳光的热量可达20%~25%。林木的蒸腾作用也消耗很大的热量，1亩林地一个夏季可向空中蒸腾

300~500吨水。因此，有树的绿地可比非绿地降温3~5℃，比水泥地等建筑地区降温10~15℃；使空气湿度增加15%~20%；秋冬季有林绿地还能降低风速30%~50%。

（五）防风固沙、截留蓄水、减轻洪水侵害

我国目前风沙荒漠化面积1.6亿公顷，85%在干旱和半干旱地区。在防护林的防护下，大部分流沙粒被固定在防护林前和防护林内，显著地减少了流沙量。防护林降低风速，减少被保护农地的蒸散量，缓和夏季昼夜温差，增加空气温度，有利于土壤有机物的分解，从而提高农作物产量。在干旱和半干旱地区农田防护林可增产10%~30%，在湿润地区可增产5%~10%。

森林的蓄水功能是通过三个方面进行的：一是森林庞大茂密的林冠，可截留降水，一般截留量约20%；二是林地上厚厚的枯枝落叶层如同海绵，能吸水和暂时蓄积水，可使雨水缓缓进入土壤，减少地表径流，减少对土壤的侵蚀；三是森林中的土壤有机质丰富、疏松、吸水力强，林地土壤比非林地土壤有较好的蓄水性。据研究，林地土壤渗透率一般250毫米/小时，超过了一般降水强度，只要有1厘米的枯枝落叶层，就可以把地表径流减低到裸地的1/4以下，泥沙量可减少94%。

在黄土高原，当降雨量为100毫米时，历时为1小时的情况下，生长良好的森林，可以不产生径流，有林流域较无林流域可削弱洪水流量70%~95%，此外森林还能延续洪水过程时间，起着一种独特的滞洪、消洪作用。

二、保护和培育森林资源

（一）我国森林资源保护成效

根据我国第九次森林资源清查结果显示，我国森林资源总量继续位居世界前列，森林面积位居世界第5位，森林蓄积位居世界第6位，人工林面积继续位居世界首位。

森林面积稳步增长，森林蓄积快速增加。森林面积22044.62万公顷，净增1266.14万公顷；森林覆盖率22.96%，提高1.33个百分点，继续保持增长态势（图4-1）；森林蓄积175.6亿立方米，净增22.79亿立方米，呈现快速增长势头（图4-2）。

森林结构有所改善，森林质量不断提高。全国乔木林中，混交林面积比率提高2.93个百分点，珍贵树种面积增加32.28%，中幼龄林低密度林分比率下降6.41个百分点。全国乔木林每公顷蓄积增加5.04立方米，达到94.83立方米；每公顷年均生长量增加0.50立方米，达到4.73立方米。

林木采伐消耗量下降，林木蓄积长消盈余持续扩大。全国林木年均采伐消耗量3.85亿立方米，减少650万立方米。林木蓄积年均净生长量7.76亿立方米，增加1.32亿立方米。长消盈余3.91亿立方米，盈余增加54.90%。

商品林供给能力提升，公益林生态功能增强。全国用材林可采资源蓄积净增2.23亿立方米，珍贵用材树种面积净增15.97万公顷。全国公益林总生物量净增8.03亿吨，总碳储量净增3.25亿吨，年涵养水源量净增351.93亿立方米，年固土量净增4.08亿吨，年

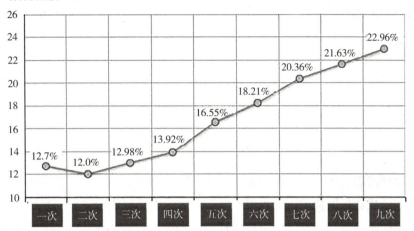

图 4-1　历次全国森林资源清查森林覆盖率结果

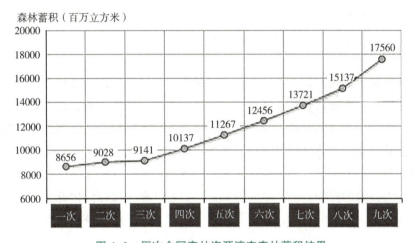

图 4-2　历次全国森林资源清查森林蓄积结果

保肥量净增 0.23 亿吨，年滞尘量净增 2.30 亿吨。

天然林持续恢复，人工林稳步发展。全国天然林面积 13867.77 万公顷，净增 593.02 万公顷；蓄积 1367059.63 万立方米，净增 13.75 亿立方米。人工林面积 7954.28 万公顷，净增 673.12 万公顷，占有林地面积的 36.45%；人工林蓄积 338759.96 万立方米，净增 9.04 亿立方米，占森林蓄积的 19.86%。

（二）我国森林资源保护存在的问题

根据我国第九次森林资源清查结果表明：我国森林资源进入了数量增长、质量提升的稳步发展时期。但我国仍然是一个缺林少绿、生态脆弱的国家，森林覆盖率低于全球 30.7% 的平均水平，人均森林面积 0.16 公顷/人，低于世界 0.55 公顷/人的人均水平，森林资源总量相对不足、质量不高、分布不均的状况仍未得到根本改变。人民群众期盼山更绿、水更清、环境更宜居，造林绿化、改善生态任重而道远。

我国森林资源保护存在的问题有：一是我国森林资源总量不足，森林覆盖率位居全球

138位，生态脆弱状况没有根本扭转，生态问题依然是制约我国可持续发展最突出的问题之一，生态产品依然是当今社会最短缺的产品之一，生态差距依然是我国与发达国家之间最主要的差距之一；二是森林资源质量不高，森林可采资源少，木材供需矛盾加剧，森林资源的增长远不能满足经济社会发展对木材需求的增长；三是林地保护管理压力增加，征占用林地有所增加，局部地区乱垦滥占林地问题严重；四是营造林难度越来越大，今后全国森林覆盖率每提高1%，需要付出更大的代价。

（三）我国森林资源保护对策

国家对森林资源实行以下保护性措施：①对森林实行限额采伐，鼓励植树造林、封山育林，扩大森林覆盖面积；②根据国家和地方人民政府有关规定，对集体和个人造林、育林给予经济扶持或者长期贷款；③提倡木材综合利用和节约使用木材，鼓励开发、利用木材代用品；④征收育林费，专门用于造林育林；⑤煤炭、造纸等部门，按照煤炭和木浆纸张等产品的产量提取一定数额的资金，专门用于营造坑木、造纸等用材林；⑥建立林业基金制度。国家设立森林生态效益补偿基金，用于提供生态效益的防护林和特种用途林的森林资源、林木的营造、抚育、保护和管理，森林生态效益补偿基金必须专款专用，不得挪作他用。

森林资源保护方面的有效对策：①加快森林资源的培育，保障森林资源数量；②通过森林资源由传统林业向现代化林业转变，来实现林业的可持续经营，保障森林资源；③充分挖掘森林资源的生态效益，通过合理经营、协调发展来保护森林资源；④通过加强森林资源保护的监管，来实现森林资源的持续发展；⑤通过加强森林灾害的防控能力，建立林业重大灾害突发事件的应急反应机制，强化监控预报体系；⑥林业相关部门应加大宣传力度，形成广泛的社会影响力，提高全民护林意识；⑦在森林资源保护方面，实施森林相关部门，相关人员的责任追究制度；⑧在森林资源保护方面，建立森林资源保护举报的奖励机制。

（四）推动生态文明建设

森林是陆地生态系统的主体，林地是国家重要的自然资源和战略资源，森林资源保护发展责任重大、使命光荣、任务艰巨。森林资源是实现林业现代化的物质基础，是建设生态文明的根本保障，丰富的森林资源和良好的生态环境是国家富足、民族繁荣、社会文明的一个重要标志。没有森林资源，生态文明建设就失去了根本保障，实现生态良好就是"空中楼阁"，发挥多种功能、满足社会需求就是"无米之炊"。站在"两个一百年"奋斗目标历史交汇的关键节点，各部门将坚持以习近平生态文明思想为指导，着眼林草事业发展的长远规划，聚焦森林资源保护管理各项任务，以更大力度、更高标准、更实举措推动森林资源保护发展，切实解决好森林资源保护的内生动力问题、长远发展问题、统筹协调问题，推进生态文明和美丽中国建设。

知识链接

世界森林日

第二节 草原保护，人类共同参与

草原资源是由多年生的各类草本、稀疏乔、灌木为主体组成的陆地植被及其环境因素构成的，具有一定的数量、质量、时空结构特征，有生态、生产多种功能，是主要用作生态环境维系和畜牧业生产的一种自然资源。草地资源是国土资源的重要组成部分，是自然界中存在的、非人类创造的自然体，它蕴藏着能满足人类生活和生产需要的能量和物质，是维护陆地生态系统中物质循环和能量流动的重要枢纽之一。

一、草原是地球的"皮肤"

草原是地球的"皮肤"，是陆地生态系统的重要组成部分，与森林、湿地共同构成了生态安全屏障的主体，是统筹山水林田湖草沙系统治理的重要载体，是牧区畜牧业发展的重要物质基础，是农牧民赖以生存的基本生产资料，也是维护生物多样性的种质基因库。

（一）草原资源概况

1. 全球草原资源概况

全球草原面积为32亿公顷，比耕地面积大一倍。其中非洲草原面积最大，近8亿公顷。亚、非、南美及大洋洲草原面积占全世界草原面积的70%，是全世界草原资源重点所在。

非洲有大面积的热带稀树干草原，约占非洲总面积的40%，是世界上最大的热带稀树草原分布区，当地叫萨旺那。非洲南部还有维尔德草原，主要分布在南非德拉肯斯山南部海拔2000米以上的山地。

亚洲草原面积为75944.5万公顷，主要分布在哈萨克斯坦、蒙古和中国的西北、内蒙古、东北平原北部。自然植被主要是丛生禾草（针茅、羊茅、隐子草）等组成的温带草原，并混生多种双子叶杂类草。

北美草原典型的类型是普列利草原。其分布从加拿大南部经美国直到墨西哥北部。美国的普列利草原以东经100°为界，此线以东为高草区，主要的禾草有须芒草；此线以西为短草区，主要草种有野牛草等；此线左右为混合普列利草原，高草和短草兼有之。

大洋洲的草地主要分布在澳大利亚和新西兰，澳大利亚草地面积约为4.2亿公顷。由于澳大利亚的降水量自北、东、南沿海向内陆减少，呈半环状分布，植被类型的分布也因而有类似的图式，即外缘是森林，向内陆是广阔的干草原，中央是荒漠。

南美洲的天然草地称潘帕斯草原。分布于南纬 30°以南的大陆东部地区，包括巴西高原的南缘、乌拉圭、阿根廷的河间区南部以及潘帕斯草原东部，主要在阿根廷，草地面积 1.4 亿公顷，一部分在乌拉圭，草地面积 0.14 亿公顷。

欧洲草原面积约 8278.3 万公顷，主要分布在东欧平原的南部，以禾本科植物为主。南乌克兰、北克里木、下伏尔加等地属于干草原，植被稀疏，除针茅属、羊茅属植物以外，还有蒿属、冰草属植物。

2. 我国草原资源概况

（1）分布格局

我国草原面积 3.93 亿公顷，约占全球草原面积 12%，位居世界各国前列。草原占中国国土面积的 41%，是耕地面积的 2.91 倍，森林面积的 1.89 倍，是我国陆地上面积最大的生态系统。从地理分布上来看，我国北方草原面积最大，占全国草原总面积的 41%，青藏高原草原占 38%，南方草原占全国草原总面积的 21%。其中，我国传统牧区草原以集中连片的天然草原为主，主要分布在西藏、内蒙古、新疆、青海、四川、甘肃等 6 省（自治区），这六大牧区省份草原面积共 2.93 亿公顷，约占全国草原面积的 3/4。

（2）草原类型

我国草原是欧亚大陆草原的重要组成部分，类型丰富，不仅拥有热带、亚热带、暖温带、中温带和寒温带的草原植被，还拥有世界上独一无二的高寒草原类型。根据我国天然草原水热大气候带特征、植被特征和经济利用特性，可划分为 18 个类、53 个组、824 个草原型。其中，18 个大类分别为高寒草甸类、温性荒漠类、高寒草原类、温性草原类、低地草甸类、温性荒漠草原类、热性灌草丛类、山地草甸类、温性草甸草原类、热性草丛类、暖性灌草丛类、温性草原化荒漠类、高寒荒漠草原类、高寒荒漠类、高寒草甸草原类、暖性草丛类、沼泽类和干热稀树灌草丛类等。

（3）生物资源

根据 20 世纪 80 年代全国草地资源调查结果，我国有饲用植物 6704 种，分属 5 个门、246 个科、1545 个属。草原植物中，可作为药用、工业用、食用的常见经济植物有数百种，如甘草、麻黄草、冬虫夏草、苁蓉、黄芪、防风、柴胡、知母、黄芩等。在草原上生活的野生动物有 2000 多种，包括鸟类 1200 多种、兽类 400 多种、爬行类和两栖类 500 多种，其中有大量的国家级重点保护野生动物。此外，据不完全统计，我国草原有放牧家畜品种 250 多个，主要有绵羊、山羊、黄牛、牦牛、马、骆驼等。

（二）草原的生态功能

草原生态系统对生态、经济及人类社会的可持续发展具有重要的影响，在生态环境与生物多样性保护方面具有重大和不可替代的作用。

1. 草原是天然生态安全屏障

我国天然草原主要集中分布在北方干旱半干旱区和青藏高原。大面积的天然草原覆盖了辽阔的祖国北疆，是我国乃至许多亚洲国家重要的生态屏障，是我国生态环境稳定的重要保障。草原植物贴地面生长，能很好地覆盖地面，增加下垫面的粗糙程度，降低近地表风速，从而可以减少风蚀作用的强度。天然草原不仅具有截留降水的功能，有较高的渗透性和保水能力，对涵养土地中的水分有着重要的意义。我国重要江河源头都分布在草原地区，这些地区的天然草原植被状况的好坏，在很大程度上就决定了长江黄河等流域水土流失的状况，草原的生态保护与我国水系的质量变化密切相关。

2. 草原是一个天然宝库

我国草原主要分布地区地势高亢、气候寒冷、降雨稀少，为耐寒耐旱的草本植被的发育和草食野生动物的繁衍生息塑造了得天独厚的优越条件，构成了我国生物多样性系统中特殊的结构部分。据初步统计，草原生态系统类型占到我国陆地生态系统类型的53%。

3. 草原是吸收二氧化碳的有效载体

草原植物在生长过程中通过光合作用吸收二氧化碳制造并积累自身所需的有机物质，同时释放人类所需要的氧气。草原植物具有丰富、复杂的地下根系，是植物的重要组成部分，且其生物量往往大于地上生物量，它们本身主要由光合作用所形成的有机物构成，是植物体中最为稳定的碳库。草原植物每时每刻都在与土壤进行着物质循环和能量交换，从而使土壤不断积累大量有机物质，在土壤碳库的形成机理上也基本相同。此外由于草原植物水平地紧贴地面，光照面积较大，且植物体中绿色部分比重一般高于森林，使其进行光合作用的效率较高，生长速度也明显快于森林。

4. 草原是地球的温度调节器

温室效应是由于太阳短波辐射透过大气射入地面，使地面增暖后放出长波辐射，然后被大气中的二氧化碳等物质吸收，从而产生大气变暖的效应。因此，若减少地面长波辐射，也能起到减缓大气变暖的效果。在绿色植物覆盖率高的地区，气温较适中，而沙漠及绿色植物较少的地区则气温偏高，这是因为缺少绿色植物，地面裸露，受阳光照射，地表温度上升加快，所产生的长波辐射较强造成的。我国有2/5的国土为草原植被覆盖，即2/5地面为草原植被保护，这对减少长波辐射、调控大气温度，无疑起到关键性作用。

二、国外草原保护与利用

通过了解国外草原资源的保护与利用情况，借鉴其成功经验，有助于我国草原的保护建设和草原畜牧业发展。

（一）澳大利亚草原保护与利用

澳大利亚是世界天然草原面积最大的国家，达4.58亿公顷，也是世界上人均占有土地资源最为丰富的国家。牧场面积占世界牧场总面积的12.4%，天然草场占国土面积的55%。

1. 建立人工草地和进行草地改良

澳大利亚重视人工草地和草地改良，拥有人工草地2667万公顷，在全世界处于领先地位。澳大利亚在草原改良方面，主要采取补播、施肥、灌溉等措施。

2. 制定适宜载畜量

澳大利亚政府对畜牧业的保护手段之一就是加强草原建设，合理载畜，防止草原荒漠化。澳大利亚的牧场主根据拥有草原的产草量，确定牲畜的合理饲养规模。各家庭牧场几乎都有人工饲草料基地，储有充足的优质青干草和精饲料，同时，澳大利亚还将草场划分为畜群专业牧场。

3. 划区轮牧

划区轮牧是在澳大利亚广泛推行的放牧制度。一般牧场将草原划分为两部分，一部分是放牧场，另一部分是人工草地。划区轮牧就是将放牧场分成若干季节牧场，再在一个季节牧场内分成若干轮牧小区，然后按一定次序逐区放牧轮回利用。一般在一个围栏放牧半月至一个月，使牧草得到充分恢复和发育，草场得到充分间歇和利用。澳大利亚还有配套的法规以保持畜牧业的可持续发展。实行划区轮牧一般可以提高载畜量20%，畜产品增加30%。

4. 季节休牧

澳大利亚的牧场在牧草返青到生长旺盛时期，仅用20%左右的小区放牧，其他小区全部禁牧，给牧草提供一个充分的生长发育机会，使其达到最大生物量，待牧草停止生长时，实行轮牧，既利用了草原资源的最大生物量，又给牧草提供了休养生息的机会，保证了草原资源的永续利用。

5. 政策鼓励畜牧业发展

澳大利亚采取优惠政策鼓励农牧场主发展生产：一是鼓励农牧民采用先进技术。国家规定，所有用于农牧业生产的先进技术一律免税；二是对农用物资实行免税，如农用小型卡车、拖拉机等，包括备用零部件、汽柴油等；三是对遭受重大自然灾害的农牧场主实行补贴，牲畜转场放牧的运输费，政府补贴50%，对于不转场放牧的牲畜，政府补贴草料涨价的部分，与此同时，政府鼓励农牧场主卖出牲畜，实行缓税政策，推迟5年后再征收。

（二）新西兰草原保护与利用

新西兰位于太平洋南部，属温带海洋性气候，永久性草场面积1386.3万公顷，占其国土面积的51.8%。人工草场面积为天然草场的一倍。

1. 草场的建设与改良

新西兰人比较注重牧草品种的选育，根据当地土壤状况和气候条件选育最好的牧草品种。人工草场一般是以70%的黑麦草籽和30%的红、白三叶草籽混播。三叶草喜温暖气候，夏季生长量大，起固氮作用，而黑麦草则在冬、春、秋季都能生长。这种科学的结合使全年产草量比较均衡，比植被好的天然草场提高5~6倍。同时，人工草场播种一次可使用多年。另外，新西兰的农牧场主十分重视人工草场的管理。

2. 草原投资机制合理

新西兰政府为了充分发展畜牧业，对不同地区的草场实行不同的所有制形式和投资办法。凡是自然条件比较好的地方，草场均为牧场主私人所有，投资建设草场由私人负责，草场可以自由转卖；干旱、半干旱地区的荒漠草场多为国家所有，牧场主要通过合同租用，或者由国家土地开发公司建成可利用的草场后，再卖给牧场主。

3. 管理现代化

新西兰政府非常注重牛羊的饲养量与草场载畜量的平衡，避免过度放牧而使草场退化；新西兰的农场主既种草又放牧，也时刻注意草畜平衡，使草场发挥最大效益。草场各个环节实现了机械化，且劳动生产率非常高。

三、我国草原保护现状与对策

（一）我国草原保护现状

1. 我国草原保护成效

根据"十三五"林草改革发展成就显示：草原生态质量明显提高。2019年全国草原综合植被盖度达到56%，较2015年提高2个百分点，2020年达到56.1%。天然草原鲜草总产量突破11亿吨，重点天然草原平均牲畜超载率降至10.1%，较2015年下降3.4个百分点。草原防风固沙、涵养水源、保持水土、固碳释氧、调节气候、美化环境、维护生物多样性等生态功能得到恢复和增强，局部地区生态环境明显改善，全国草原生态环境持续恶化势头得到有效遏制。

草原保护修复工程项目成效显著。实施退牧还草、退耕还林还草、农牧交错带已垦草原治理工程，到2020年年底完成退化草原修复治理面积19491.8万亩。其中，实施围栏封育1440万亩、退化草原改良2305.6万亩、人工种草2117万亩，治理黑土滩446.2万亩、石漠化草地222万亩。通过对100多个草原生态保护修复工程县的地面监测结果表明，工程区内植被逐步恢复，生态环境明显改善。

2019年，全国草原生物灾害防治工作投入经费2.34亿元，较2015年增加77%。草原鼠害防治面积7980万亩，绿色防治面积7027.8万亩，绿色防治比例达到88.1%，比2016年提高7个百分点；草原虫害防治面积5341万亩，绿色防治面积4467万亩，绿色防治比例达到83.6%，比2016年提高25个百分点。

2. 我国草原保护中存在的问题

（1）全国草原生态形势依然十分严峻

中度和重度退化草原面积仍占1/3以上，已恢复的草原生态系统较为脆弱。非法开垦草原、非法征占用草原、破坏草原植被、过度放牧等各类违法违规行为屡禁不止，草原生态空间不断被蚕食、侵占，草原生态环境承载压力仍然较大，草原保护修复任务十分繁重。

（2）草原生态修复资金与繁重的草原保护修复任务不匹配

我国每年投入草原保护修复资金仅有60多亿元，专门用于草原保护修复的重点生态工程仅有退牧还草工程一项，每年仅有20亿元中央投入资金，与繁重的生态修复任务不匹配。我国草原鼠虫害高发态势仍然没有得到有效防控，内防扩散、外防输入的压力依然较大，保护和修复投入力度不足。

（3）草原科技支撑能力亟待加强

我国草原科研和技术推广力量不强，草原院校、科研和技术推广单位相对较少，人才短缺，力量较弱，基层草原部门严重缺乏草原专业人才。缺少草原重大科研平台专项支持，草原科技支撑平台建设滞后，国家级草原野外观测试验站仅有4个，与森林、湿地、荒漠生态系统站所数量差距较大。已有的科研项目大多与草原开发利用、发展畜牧业相关，对草原生态保护、治理、修复等方面理论研究不足，技术研发能力较低。草原生态修复的草种70%依赖进口，草种质资源保存利用工作滞后，生态修复选种用种难，严重制约了我国草原保护修复工作。

（二）草原保护对策

贯彻落实习近平总书记"要加强草原生态保护"重要指示精神，构建草原保护体系，加强草原生态修复，提高草原生态承载力，增强草原生态系统稳定性和服务功能。党的十九大报告明确指出，像对待生命一样对待生态环境，统筹山水林田湖草系统治理，实行最严格的生态环境保护制度。"草"第一次被纳入生态文明建设，成为建设美丽中国的重要内容，体现了国家对草原生态保护愈加重视。

1. 严格草原禁牧和草畜平衡

科学划区禁牧区，对严重退化、沙化、盐碱化草原和生态脆弱区的草原、禁止生产经营活动的草原实行禁牧封育。依据牧草生产能力和承载力核定载畜量，对禁牧区以外草原开展草畜平衡，引导鼓励牧民科学放牧，实施季节性休牧和划区轮牧。

2. 加快草原生态修复

（1）退牧还草

自然恢复为主，适度开展人工干预措施，开展牧草改良，治理草原有害生物，科学建设草原围栏，推行划区轮牧管理，减轻草原放牧强度。

（2）修复退化草原

轻度退化草原降低人为干扰强度，中度退化草原适度开展植被、土壤等生态修复，重度退化草原通过封育、牧草改良、黑土滩治理等重建草原植被。

（3）开展国有草场试点建设

研究国有草场建设重点及发展模式，探索可持续发展的管理经营运行机制，提升草原质量和功能，因地制宜发展现代草产业、草原生态畜牧业和草原生态旅游业。

3. 推行草原休养生息

（1）保护天然草原

严格保护大江大河源头等重要生态区位的天然草原，严格擅自改变草原用途和性质，严格不符合草原保护功能定位的各类开发利用活动。

(2) 划定基本草原

把维护国家生态安全、保障草原畜牧业健康发展最基本最重要的草原划定为基本草原，实行严格保护管理，确保基本草原面积不减少、质量不下降、用途不改变。

(3) 完善草原承包经营制度

加强草原承包经营管理，鼓励建立草原合作社，规范草原经营权流转。健全国有草原资源有偿使用制度。

知识链接

草原保护日

第三节 沙漠资源，人类不可或缺

荒漠是通常指气候干燥、降水稀少、蒸发量大、植被贫乏的地区，按地表组成物质分为沙漠、岩漠、土漠、盐漠等。沙漠是荒漠的一种类型，本意为沙质荒漠，指地表被大面积沙丘覆盖，一般以流动沙丘为主，干燥多风、干旱少雨、缺乏流水和植被稀少的地区。

一、重新认识沙漠

土地荒漠化被称为"地球的癌症"。那么，毫无疑问，沙漠曾经就被人们认为是寸草不生、荒无人烟、飞沙走石、毫无价值，被誉为"死亡之海"的地方，以至于人们都曾经对沙漠存在偏见，认为沙漠就是"地球的癌症"。然而，随着生态文明建设的深入，人们认识到沙漠浑身都是宝，也给人类带来了可供开发利用的许多宝贵资源。

沙漠之美，美在壮丽、美在瑰奇；美在沙中有海，美在雄浑厚重与曼妙恬柔结合的恰到好处；风景如画的沙漠美景，能够让我们感受到大自然的奇妙；沙漠逐渐成为人们来探险、旅游的胜地，人与沙漠相比实在是太渺小了。沙漠中也有很多动植物资源，如被称为"沙漠之舟"的骆驼；被人们誉为"沙漠守护神"的胡杨等荒漠地区特有的珍贵森林资源。沙漠中还有很多可利用的资源，如沙漠底下的石油、天然气和其他矿藏等资源，还有沙漠里取之不尽、用之不竭的大风，日日曝晒的强光，还有太阳能等这些天气气象资源，它们都是可以被人类利用的无价之宝。沙漠中不但有这些丰富的资源，沙漠也有其重要的生态功能，如涵养水源、保持水土、净化水体、截留降水、土壤碳的积累及污染物降解等。重新认识沙漠后，人们认识到沙漠不是用来征服的，必须是人与自然和谐共处。

(一) 全球沙漠分布

全球沙漠总面积约 700 万平方千米，仅占全世界荒漠和半荒漠总面积的 23.3%，全球

85%的流沙分布在大约58个面积超过3200平方千米的沙带，这些沙带总面积的45%分布在亚洲，34%在非洲，20%在澳大利亚，欧洲、美洲较少。全球十大沙漠有撒哈拉沙漠、阿拉伯沙漠、利比亚沙漠、澳大利亚沙漠、戈壁沙漠、巴塔哥尼亚沙漠、鲁卜哈利沙漠、卡拉哈里沙漠、大沙沙漠和塔克拉玛干沙漠。

（二）我国沙漠分布

1. 分布范围

我国沙漠和沙漠化的土地分布范围较广阔，西起新疆、东至黑龙江，断续分布在我国北部的干旱、半干旱及部分半湿润地区。中国沙漠总面积约70万平方千米，如果连同50多万平方千米的戈壁在内总面积为128万平方千米，占全国陆地总面积的13%。中国西北干旱区是中国沙漠最为集中的地区，约占全国沙漠总面积的80%。

2. 中国八大沙漠和四大沙地

（1）塔克拉玛干沙漠，位于新疆南部塔里木盆地中心，面积约34.0万平方千米，是我国面积最大的沙漠，也是世界上面积第二大的流动沙漠。

（2）古尔班通古特沙漠，位于新疆北部准噶尔盆地中央，面积约4.9万平方千米，是我国面积最大的固定、半固定沙漠。

（3）巴丹吉林沙漠，位于内蒙古高原的西南边缘，行政区包括额济纳旗和阿拉善右旗的部分地区，面积约4.4万平方千米，是中国第三大沙漠。

（4）腾格里沙漠，位于内蒙古自治区阿拉善左旗西南部和甘肃省中部边境，总面积约4.3万平方千米，为中国第四大沙漠。

（5）柴达木盆地沙漠，位于青海省柴达木盆地、青藏高原东北部，面积约3.5万平方千米，海拔2500~3000m，是我国海拔最高的沙漠，是中国第五大沙漠。

（6）库姆塔格沙漠，位于新疆南部东端，罗泊湖以南、以东，面积约2.3万平方千米，是中国第六大沙漠。

（7）库布齐沙漠，位于内蒙古鄂尔多斯高原北部，面积约1.6万平方千米，是中国第七大沙漠，也是距北京最近的沙漠。

（8）乌兰布和沙漠，位于内蒙古巴彦淖尔市和阿拉善盟东北部，河套平原的西南部，面积约1.0万平方千米，是中国第八大沙漠。

（9）科尔沁沙地，地处西辽河平原，历史上曾是水草丰美、牛羊肥壮的疏林草原，由于气候变化及过垦过牧，生态环境严重失衡，是中国最大的沙地，面积约为4.2万平方千米。

（10）毛乌素沙地，位于内蒙古鄂尔多斯市和陕西省榆林市，面积约3.2万平方千米。降水较多，有利植物生长，原是畜牧业比较发达地区，固定和半固定沙丘的面积较大。

（11）浑善达克沙地，位于内蒙古中部锡林郭勒草原南端，距北京直线距离180千米，是离北京最近的沙源，面积大约2.1万平方千米。

（12）呼伦贝尔沙地，位于内蒙古东北部呼伦贝尔高原，面积约0.7万平方千米。

二、国外沙漠治理

（一）澳大利亚荒漠化防治

澳大利亚地广人稀，农业主要是畜牧业，被称为"骑在羊背上的国家"。澳大利亚的土地荒漠化主要体现在草场的退化上，对牧区防治荒漠化主要有如下做法：

1. 严格实行轮牧

在澳大利亚，农场一般被水泥柱和钢丝网分成了一个一个的方块，不同的方块就是不同的放牧区，他们通常不会在同一个牧区里连续放牧，而是轮流使用不同的放牧区，以便牧草能有足够的时间恢复。

2. 大力推广圈养

为了防止羊群将草连根拔起，破坏植被，澳大利亚政府大力推行圈养，在生态不是很好的地方更是如此。通过割草圈养牲畜，就保留了草根和草茬，也就起到了固沙的作用。

3. 科学搭配畜群数量和种类

澳大利亚养畜非常严格，养什么，养多少不是由农场主自行决定。政府每年都要对各牧场做一次普查，以确定次年的载畜量。而在同一个畜群里，牛、羊的数量搭配也是经过科学测算的，从而达到生态效益和经济效益的有机结合。

（二）中东地区荒漠化防治

中东地区包括西亚和北非，是世界上四大沙尘暴活跃地区之一。由于人口增加，经济发展的压力，导致大量开垦牧场、乱砍滥伐森林和过度放牧，以及大面积垦荒，导致天然植被破坏，荒漠化加速，沙尘暴经常发生。

1. 建立牧场保护区

目前，仅在叙利亚和约旦，牧场保护区超过 60 个，但这些计划大多没有显著效果，牧场还在继续恶化，其主要原因是这些生态系统受到破坏，而且载畜量也大大超出这一地区的土地承受能力。

2. 斥巨资建设绿化城市

据了解，海湾合作委员会国家最近几年花了数十亿美元在城市内外建造花园和绿地，海湾合作委员会国家用于绿化项目的费用居世界之最。海湾合作委员会国家人均绿地面积达 1.2 平方米。

3. 大面积植树造林

阿尔及利亚的"绿色坝计划"就是令人瞩目的生态建设工程。20 世纪 70 年代初，这项规模浩大的绿色坝工程开始动工兴建。这条绿化带的主要工程在阿尔及利亚境内东北部，同时也是摩洛哥、阿尔及利亚、突尼斯、利比亚、埃及五国的跨国工程。截至 1986 年，绿色坝工程已种植了 70 多亿株松树，总面积达 35 万公顷。

三、我国沙漠治理

（一）沙漠治理现状

1. 沙漠治理成效

"十三五"以来，我国荒漠化防治成效显著，全国累计完成防沙治沙任务880万公顷，占"十三五"规划治理任务的88%。经过多年治理，毛乌素、浑善达克、科尔沁和呼伦贝尔四大沙地生态状况整体改善，林草植被增加226.7万公顷，沙化土地减少16.9万公顷。

我国实施了《全国防沙治沙规划（2011—2020年）》《京津风沙源治理二期工程规划（2013—2022年）》《国家沙漠公园发展规划》等一系列规划，深化防沙治沙改革，实行严格的荒漠生态保护制度，全面落实省级政府防沙治沙目标责任考核奖惩制度，维护荒漠生态系统的稳定性、完整性和原真性。加快实施京津风沙源治理、三北防护林建设、退耕还林、退牧还草、石漠化综合治理等国家重点工程，由点到面带动荒漠地区生态状况整体好转。

（1）三北防护林体系建设工程

三北防护林体系建设工程是指在中国三北地区（西北、华北和东北）建设的大型人工林业生态工程。为改善生态环境，国家于1979年决定把这项工程列为国家经济建设的重要项目。工程规划期限为73年，分八期工程进行，已经启动第六期工程建设。该工程东起黑龙江宾县，西至新疆的乌孜别里山口，北抵北部边境，南沿海河、永定河、汾河、渭河、洮河下游、喀喇昆仑山，包括新疆、青海、甘肃、宁夏、内蒙古、陕西、山西、河北、辽宁、吉林、黑龙江、北京、天津等13个省、自治区、直辖市的559个县（市、旗、区），总面积406.9万平方千米，占中国陆地面积的42.4%。规划造林5.35亿亩。到2050年，三北地区的森林覆盖率将由1979年的5.05%提高到14.95%。实施40年，已累计完成造林保存面积3014万公顷，工程区森林覆盖率由1977年的5.05%提高到13.57%。

（2）京津风沙源治理工程

京津风沙源治理工程是为固土防沙，减少京津沙尘天气而出台的一项针对京津周边地区土地沙化的治理措施。一期工程于2002年启动，二期工程正在筹划当中。工程区西起内蒙古的达茂旗，东至内蒙古的阿鲁科尔沁旗，南起山西的代县，北至内蒙古的东乌珠穆沁旗，涉及北京、天津、河北、山西及内蒙古等五省（自治区、直辖市）的75个县（旗）。工程区总人口1958万人，总面积45.8万平方千米，沙化土地面积10.12万平方千米。实施近20年，累计完成营造林884万公顷，工程固沙4.4万公顷。

（3）退耕还林、退牧还草工程

1999年，四川、陕西、甘肃3省率先开展了退耕还林试点，由此揭开了我国退耕还林的序幕。2002年1月10日，国务院西部开发办公室召开退耕还林工作电视电话会议，确定全面启动退耕还林工程。工程建设范围包括北京、天津等25个省（自治区、直辖市）和新疆生产建设兵团，共1897个县（市、区、旗）。根据因害设防的原则，按水土流失和风蚀沙化危害程度、水热条件和地形地貌特征,将工程区划分为 10 个类型区,即西南高山峡谷区、川渝鄂湘山地丘陵区、长江中下游低山丘陵区、云贵高原区、琼桂丘陵山地区、长江黄河源头高寒草原草甸区、新疆干旱荒漠区、黄土丘陵沟壑区、华北干旱半干旱区、东北山地及沙地区。同时,根据突出重点、先急后缓、注重实效的原则,将长江上游地区、黄河上中游地区、京津风沙源区以及重要湖库集水区、红水河流域、黑河流域、塔里木河流域等地区的 856 个县作为工程建设重点县。2011 年 8 月 22 日,国家发改委、财政部、农业部印发《关于完善退牧还草政策的意见》的通知,这是继国家实施草原生态保护补助奖励机制后,进一步完善退牧还草政策的重要举措。

(4) 全国防沙治沙综合示范区

为进一步推进防沙治沙工作,2003 年,国家林业局在不同沙化类型区遴选了一批典型地区,启动实施了全国防沙治沙综合示范区。建设全国防沙治沙综合示范区,旨在深入探索和实践不同沙化类型区防沙治沙政策机制、技术模式、产业发展和管理体制,为推进防沙治沙工作探路示范,加快改善重点沙区生态状况,带动全国防沙治沙事业走上质量与效益兼顾、生态与经济共赢的可持续发展道路。截至 2015 年,国家林业和草原局已先后批准建立 46 个示范区,其中跨区域示范区 2 个,省级示范区 1 个,地级示范区 8 个,县级示范区 35 个,涉及全国 24 个省(自治区、直辖市)和新疆生产建设兵团的 159 个县(市、区、团场),涵盖了《全国防沙治沙规划(2011—2020 年)》中确定的 5 种沙化土地类型区。截至 2020 年,我国批准建立 53 个全国防沙治沙综合示范区,封禁保护沙化土地总面积 174 万公顷。截至 2022 年,国家林业和草原局最新公布全国防沙治沙综合示范区保留名单,共批复保留 6 个地市级和 35 个县级防沙治沙综合示范区。

2. 沙漠治理存在的问题

(1) 工程建设难度越来越大

工程按照先易后难的原则,自然条件比较好的地段优先得到了治理。需要治理的地段立地条件越来越差,出现土壤贫瘠、砂砾石多、盐碱化程度高、沙地流动性强、水资源缺乏等问题,是难啃的"硬骨头"。同时,受全球气候变化的影响,工程区面临极端天气危害的挑战进一步加剧,干旱、大风、高温等自然灾害对工程建设的潜在威胁越来越严峻。

(2) 工程建设投入不足

工程区面积大,涉及范围广,是一项劳动强度大的生态工程。与工程建设的巨大需求相比,投入明显不足。近些年,物价上涨趋势明显,工程建设物质成本和用工成本高,进一步加大了工程建设的资金缺口。

(3) 沙漠化防治还面临着成果巩固和提质增效的挑战

当前,沙地生态系统主要以灌草型为主,植被尚处在恢复阶段,现有生态系统自我调节和自我恢复能力差,植被易破坏恢复难,如不加强现有成果的保护和提高,极易反弹成为新的沙化土地。

(4) 沙漠化防治与农牧民需求之间存在矛盾

一些地区退耕还林、退牧还草后,如果不能及时有效解决农牧民的长远生计问题,就会导致毁林开荒、毁草种粮回潮，再次造成土地沙化。防沙治沙工程治理区与牧民的土地、草场权属矛盾，林木产权及利用收益分配等问题。

(二) 沙漠治理对策

贯彻落实习近平总书记"加快水土流失和荒漠化石漠化综合治理"重要指示精神，宜林则林，宜草则草，宜荒则荒，科学推进荒漠化石漠化综合治理。

1. 加快荒漠生态保护

（1）划定封禁保护区

将规划期内暂不具备治理条件以及因保护生态需要不宜开发利用的连片沙化土地，划为沙化土地封禁保护区，实行封禁保护。

（2）提升封禁保护能力

加强管护站点建设，完善封禁警示、巡护监测等基础设施，定期开展保护成效监测评估。

2. 推进荒漠化综合治理

（1）推进重点地区防沙治沙

科学规划边疆地区、沙尘源区、江河流域等重要区域防沙治沙，坚持以水定绿，工程、生物、封禁措施相结合，乔灌草相结合，综合治理。加大沙漠周边及绿洲内部、沙区工矿企业、交通道路、居民点等重点地区防沙治沙力度。

（2）建设防沙治沙综合示范区

在不同沙化类型区，建设全国防沙治沙综合示范区，完善创新政策、机制，推广治沙技术和模式，引导治沙产业发展。

（3）提升沙尘暴灾害监测能力

提升沙尘暴监测预报预警、信息报送、决策指挥、灾情评估等沙尘暴应急监测能力。建立沙尘暴灾害应急技术规范和标准体系。

知识链接

世界防治荒漠化和干旱日

第四节　河流湖泊，重要淡水资源

从人类社会来说，水资源一般指淡水资源，它的储备是非常少的，有统计数据显示，全球淡水资源仅占总水量的 2.5%，而人类真正能利用的淡水资源才占总水量的 0.26%。因此，水资源对于人类来说是稀缺的，需要去保护。

一、水资源概述

(一) 河流与湖泊

河流是指降水或由地下涌出地表的水汇集在地面低洼处，在重力作用下经常地或周期地沿流水本身造成的洼地流动。河流分类原则多种多样，按注入地可分为内流河和外流河；内流河注入内陆湖泊或沼泽，或因渗透、蒸发而消失于荒漠中；外流河则注入海洋。中国常以河流径流的年内动态差异进行河流分类，共划分为东北、华北、华南、西南、西北、内蒙古和青藏高原 7 型。

湖泊是湖盆及其承纳的水体。湖盆是地表相对封闭可蓄水的天然洼池。湖泊按成因可分为构造湖、火山口湖、冰川湖、堰塞湖、喀斯特湖、河成湖、风成湖、海成湖和人工湖（水库）等。按泄水情况可分为外流湖（吞吐湖）和内陆湖；按湖水含盐度可分为淡水湖（含盐度小于 1 克/升）、咸水湖（含盐度为 1~35 克/升）和盐湖（含盐度大于 35 克/升）。湖水的来源是降水、地面径流、地下水，有的则来自冰雪融水。湖水的消耗主要是蒸发、渗漏、排泄和开发利用。

(二) 我国水资源概况

第一次全国水利普查公报显示：共有流域面积 50 平方千米及以上河流 45203 条，总长度约 150.85 万千米；流域面积 100 平方千米及以上河流 22909 条，总长度约 111.46 万千米；流域面积 1000 平方千米及以上河流 2221 条，总长度约 38.65 万千米；流域面积 10000 平方千米及以上河流 228 条，总长度约 13.25 万千米。常年水面面积 1 平方千米及以上湖泊 2865 个，水面总面积 7.8 万平方千米（不含跨国界湖泊境外面积），其中淡水湖 1594 个，咸水湖 945 个，盐湖 166 个，其他 160 个。

2020 年水利部水资源公报显示：全国地表水资源量 30407 亿立方米，折合年径流深 321.1 毫米，比多年平均值偏多 13.9%，比 2019 年增加 8.6%。从水资源分区看，10 个水资源一级区中有 6 个水资源一级区地表水资源量比多年平均值偏多，其中淮河区、松花江区分别偏多 54% 和 51.1%；4 个水资源一级区地表水资源量比多年平均值偏少，其中海河区、东南诸河区分别偏少 43.8% 和 16.2%；与 2019 年比较，7 个水资源一级区地表水资源量增加，其中淮河区、辽河区分别增加 217.7% 和 53.8%；3 个水资源一级区地表水资源量减少，其中东南诸河区减少 32.7%。从行政分区看，18 个省（自治区、直辖市）水资源量比多年平均值偏多，其中上海偏多 104.9%，江苏、安徽、黑龙江、湖北 4 个省均偏多 70% 以上；13 个省（自治区、直辖市）偏少，其中河北、北京均偏少 50% 以上。

二、水资源合理利用

(一) 水资源合理利用现状

1. 水利工程成效

（1）推进南水北调工程建设，打造水资源配置新格局

我国南涝北旱，南水北调工程通过跨流域的水资源合理配置，大大缓解我国北方水资

源严重短缺问题，促进南北方经济、资源、环境等的协调发展。南水北调工程能够很好地缓解我国城市水资源利用不合理的情况，完善水资源配置新格局，为水资源长久稳定地开发利用提供支持。南水北调东线、中线一期主体工程建成通水以来，已累计调水400多亿立方米，直接受益人口达1.2亿，在经济社会发展和生态环境保护方面发挥了重要作用。

(2) 大力推进"母亲水窖"项目，解决西部地区供水问题

2000年中国政府提出西部大开发战略之时，对中国西部妇女生活状况进行调查，结果表明，严重制约西部农村妇女发展的重要因素是饮用水困难。为帮助饮水困难地区妇女及家庭解决饮用水困难，全国妇联、北京市人民政府、中央电视台联合发起，中国妇女发展基金会组织实施了"母亲水窖"项目。截至2019年年底，"母亲水窖"项目在以西部为主的25个省（自治区、直辖市）修建分散式供水工程13.97万个，集中供水工程1890处，校园安全饮水项目939个，共318万余人受益。"母亲水窖"项目先后被载入《中国农村扶贫开发白皮书》《中国性别平等与妇女发展状况白皮书》，2005年获得首届中华慈善奖，2015年国际编号207715号小行星被命名为"母亲水窖星"。

(3) 加快推进水土保持重点工程建设

2020年，全国落实水土保持重点工程中央资金69.8亿元，治理水土流失面积1.34万平方千米，均创历史新高。水利部围绕中央关于做好"六稳"工作、落实"六保"任务的重大决策部署，加强组织领导，强化责任落实，"一月一调度，俩月一通报，三月一督导"积极督促项目实施。各地采取有力措施加快工程建设。截至12月底，中央投资完成率达到98%。

2. 水资源利用中存在的问题

(1) 管理手段落后

现代水资源管理要想实现高效率发展，必须将先进的科学技术融入管理过程中。但是，我国有些地区属于经济欠发达地区，在水资源管理方面投入较少，很难对水资源进行高效率、智能化的管理，无法实现现代科学技术的全面应用，地区无法落实现代化技术，管理成效相对较低。

(2) 未科学规划地下水资源

水资源除了冰川水、地面水之外，还包括地下水。在地下水资源的开发过程中，开发之前没有制定科学合理的规划，将会导致地下水资源开发过程中出现严重的浪费现象。进入21世纪以来，人口数量不断增加，工业、农业对于水资源需求持续扩大，相应地，也推进了地下水资源方面的研究和开发。由于相关企业在开发地下水时，没有做好科学的规划，导致地下水位逐渐下降，甚至出现空采区，引发严重的沉降和塌陷事故，给人类的生产和生活带来较大的损失。

(3) 人类节水意识薄弱

在人类社会的发展中，随着不断增长的人口，以及大量发展的工业、农业，水资源作为一种不可再生资源，地球上的水资源是有限的，如果不对人类的滥用加以限制，将会导致地球的水资源逐渐匮乏，甚至当下某些地区已经出现严重的缺水现象。

(二) 水资源合理利用对策

1. 坚持和落实节水优先方针

从观念、意识、措施等各方面把节水放在优先位置，把节水作为受水区的根本出路，长期深入做好节水工作。加快建立水资源刚性约束制度，严格用水总量控制，根据水资源承载能力优化城市空间布局、产业结构、人口规模。大力实施国家节水行动，统筹生产、生活、生态用水，大力推进农业节水增效、工业节水减排、城镇节水降损，提高水资源集约节约利用水平。处理好开源和节流、存量和增量、时间和空间的关系，坚决避免敞口用水、过度调水。依托南水北调工程等水利枢纽设施及各类水情教育基地，积极开展国情水情教育，增强全社会节水洁水意识。

2. 确保南水北调工程供水安全

优化南水北调东线、中线一期工程运用方案，实现工程综合效益最大化。建立完善的安全风险防控体系和应急管理体系，加强对工程设施的监测、检查、巡查、维修、养护，确保工程安全。精确精准调水，科学制定落实水量调度计划，优化水量省际配置，最大限度满足受水区合理用水需求，确保供水安全。加大生态保护力度，加强水源区和工程沿线水资源保护，抓好输水沿线区和受水区污染防治和生态环境保护工作，完善水质监测体系和应急处置预案，确保水质安全。结合巩固拓展水利扶贫成果、推进乡村振兴，继续做好移民安置后续帮扶工作，确保搬迁群众稳得住、能发展、可致富。

3. 加快构建国家水网

以全面提升水安全保障能力为目标，以优化水资源配置体系、完善流域防洪减灾体系为重点，统筹存量和增量，加强互联互通，加快构建国家水网主骨架和大动脉，加快形成"系统完备、安全可靠，集约高效、绿色智能，循环通畅、调控有序"的国家水网。立足流域整体和水资源空间均衡配置，遵循确有需要、生态安全、可以持续的重大水利工程论证原则，实施重大引调水、供水灌溉、防洪减灾等骨干工程建设。坚持科技引领和数字赋能，综合运用大数据、云计算、仿真模拟、数字孪生等科技手段，提升国家水网的数字化、网络化、智能化水平，更高质量保障国家水安全。

知识链接

中国水周

第五章
生态城市 共筑文明绿色新家园

生态城市建设是人类探索与自然和谐相处聚居模式的智慧选择，是实现中国城市可持续发展的长远战略选择，其内涵是建设自然—社会—经济相互依赖的复合生态系统，实现环境友好、社会公平、经济发展的可持续性。生态城市的概念阐明了生态环境在民生改善、人与自然相处中的重要地位，是对人民群众日益增长的优美生态环境需要的积极回应。建设生态城市，就是将优美的生态环境作为党和政府必须提供的基本公共服务，让人民群众在天蓝、地绿、水净的环境中生产生活，不断提升优美生态环境给人民群众带来的获得感、幸福感、安全感。

第一节 绿色建筑，生态城市建设的物质载体

中国的绿色建筑起步于20世纪初，2006年《绿色建筑评价标准》的颁布，标志着绿色建筑开始进入实施阶段，该标准2012年、2019年两次修订，新版标准确立了"以人为本、强调性能、提高质量"的绿色建筑发展新模式。将绿色建筑定义为："在全寿命期内、节约资源、保护环境、减少污染，为人们提供健康、适用、高效的使用空间，最大限度地实现人与自然和谐共生的高质量建筑。"在指标体系上，从节地、节能、节水、节材、环境保护，简称"四节一环保"，拓展到"安全耐久、健康舒适、生活便利、资源节约、环境宜居"五个方面；在"以人为本"上，提高和新增了全装修、室内空气质量、水质、健身设施、垃圾分类等要求；在质量要求上，进一步突出了"高质量建筑"要求。绿色建筑始终贯彻"人与自然和谐共生"理念，正是建设生态城市落实绿色发展理念的物质载体。

一、以绿色价值引领建筑观念变革

建筑行业的发展必须走绿色发展的道路，以绿色价值观引领绿色建筑发展。这既是贯彻新发展理念的必然要求，也是落实党的十九大精神的重要举措。绿色建筑包括生产方式绿色化，行为方式绿色化，而其内在精神则是绿色价值观，在建筑行业培育和树立绿色价值观，是贯彻新发展理念，走绿色建筑发展之路的关键。

在建筑行业培育和树立绿色价值观，是对建筑行业传统生产方式的深刻革命。在传统

经济增长模式中，一些地方和企业的价值偏好可以说是不顾生态大系统的经济至上主义（如以 GDP 论英雄），仅注重眼前，却忽视长远的短视行为。建筑业作为一个传统产业，尽管前些年的发展速度很快，但粗放型增长的格局没有明显改变。建筑行业的发展，高增长的数据，基本上依赖国家大投资、大建设，通过粗放型的增长来实现的。建筑行业的现实情况是，规模大发展，技术有进步，管理仍粗放。

有关资料显示，目前我国耗用了全球 70% 的木材，而其中 70% 又为建筑业所用；建筑能耗约占全社会总能耗的 40%；我国的钢材、水泥消耗量约占全球 50%；专家预测，若不转变生产方式，建筑业和建筑物碳排放量五年内将超过全社会总量的 50%。在践行绿色发展理念，建设美丽中国的今天，粗放型发展理念必须转变。

绿色价值观认为，建筑产业只是生态大系统中的一个分支系统，发展必须坚持系统性原则、整体性原则、可持续原则，辩证处理建筑产业与资源、自然、环境、生态等关系，正确处理义与利，公平与效率，局部与全局，当前与长远等关系。培育和树立绿色价值观，并以此引领绿色建筑发展，就必须改变粗放型管理，推进精细化管理，改变传统的生产方式，形成新的生产方式。当前，以绿色价值观引领绿色建筑发展，应从 3 个层面加大实施力度。

（一）政府层面

从政府层面来说，要制定相关政策，鼓励、支持、引导企业走发展绿色建筑之路。在贯彻新发展理念的新形势下，推进和引导建筑企业走绿色建筑发展的路子，已引起了各级政府的高度重视。为加快推动我国绿色建筑发展，推动建筑行业转变发展方式，国务院办公厅早在 2013 年 1 月 1 日就转发了国家发改委和住房和城乡建设部的《绿色建筑行动方案》，之后，全国有 31 个省（自治区、直辖市）相继发布了地方绿色建筑行动实施方案，明确了绿色建筑发展的目标和任务。

2014 年 3 月，中共中央发布的《国家新型城镇化规划（2014—2020）》中进一步提出了我国绿色建筑发展的中期目标。为保证文件精神落到实处，上述文件都明确表明主要通过"强制"与"激励"相结合的方式推动绿色建筑发展。所谓"强制"主要是对政府投资项目、保障性住房、大型公共建筑直至所有新建建筑提出强制执行绿色建筑标准的要求。所谓"激励"主要是通过出台财政奖励，贷款利率优惠，税费返还，容积率奖励等激励政策，激发绿色建筑开发建设的积极性。

党的十八大以来，中央和全国各地在推进绿色建筑发展方面采取了一系列举措，各地绿色建筑推动政策陆续出台，绿色建筑标识管理制度基本建立，绿色建筑标准体系逐步完善，绿色建筑标识项目逐年迅速增加，绿色建筑科研逐步深入，技术应用日渐成熟。同时也应看到，一些地方，一些企业的发展还停留在过去，仍在走粗放式发展的老路。可见推动绿色建筑发展，决不能满足于发了文件，定了规划，更重要的是要督查、督办，把"强制"与"激励"落到实处，让文件精神落到实处。

（二）企业层面

从企业层面来说，要贯彻新发展理念，认真落实上级文件，走绿色建筑的可持续发展之路。建筑企业是绿色建筑的主体，必须牢固树立绿色价值观，遵循"节约资源、保护环境、减少污染"的绿色建筑发展理念，为人们提供健康、适用和高效的使用空间，人与自然和谐共生的建筑。

在推进绿色建筑发展的过程中，远非一帆风顺，在一些地方还阻力重重，尤其是一些民营建筑企业对绿色建筑发展缺乏认识，亟需加大推广力度。绿色建筑发展存在的问题：主要是绿色建筑地域发展不平衡，东部发达地区走在前列，中西部地区相对滞后；绿色建筑运行标识项目数量少；绿色建筑能力建设有待加强，咨询服务市场亟须规范；绿色建筑市场氛围尚未形成等。

问题就是差距，差距就是潜力，推进绿色建筑发展大有可为，建筑施工企业要转变思想观念，转变生产方式，按照新发展理念的要求，以建筑产业化为抓手，利用好国家的激励政策，主动完成企业适应绿色建筑发展的顶层设计，进行企业的自我调整，建立合适的组织结构，积极培养绿色建筑技术人才，开发绿色建筑的技术体系，掌握其核心技术，为推进绿色建筑发展创造必备条件。对于企业来说，转变生产方式，涉及企业内部、企业之间、企业与社会和生态之间的多重利益关系，需要相应的伦理与规则体系加以规范。其中，树立和遵循绿色价值观是基础与前提。

（三）员工层面

从企业员工层面来说，要认同与践行绿色价值观，做绿色建筑发展的践行者与促进派。绿色建筑包括诸多新观念、新规则，要求企业员工真心认同，积极践行，进而把绿色建筑项目管理的各项要求落细、落小、落实，绿色建筑的生产方式与企业每个员工的生产行为息息相关，体现着员工对绿色建筑发展理念的认同度和践行力。这就要求企业员工首先要提高绿色建筑的意识，通过宣传和教育，使绿色价值观扎根脑海，让绿色生产方式成为自觉行动。其次是要实施精细化管理，摒弃粗放式生产的行为习惯，节约资源、节约能源，物尽其用，降低生产成本。第三是要掌握新技术，采用节能新材料，注重提高工作效率，保护环境。

在今天，贯彻新发展理念，绿色发展理念逐步深入人心，绿色建筑发展已成为建筑企业转型升级发展的必由之路，生产方式绿色化理应成为建筑企业的基本工作规范，和每一个人的认识与行动自觉。唯有广大人民真心认同与积极践行节约资源、保护环境、精细管理、文明施工，减少污染的生产理念和工作方式，把绿色价值观内化于心，外化于行，才能使绿色建筑迅速推广开来，并在全国各地遍地开花。

二、以技术创新驱动建筑实践转变

党的十九届五中全会鲜明地提出要以推动高质量发展为主题，以深化供给侧结构性改革为主线，以改革创新为根本动力，以满足人民日益增长的美好生活需要为根本目的。作为国民经济支柱产业的建筑业，建筑领域是实施节能降碳的重点行业领域之一。截至2020年底，全国累计建成绿色建筑面积超66亿平方米，对减少碳排放贡献突出。提升建筑能效水平，要加快更新建筑节能、市政基础设施等标准，提高节能降碳要求，释放建筑领域节能降碳潜力。

面对高质量发展的新要求,建筑业需要关注以下几个发展趋势:一是业态变化,建筑业已经开始向工业化、数字化、智能化方向升级;二是生态变化,建筑业需要注重绿色节能环保、低碳环保,需要与自然和谐共生;三是发展模式,建筑业增量市场在逐年缩减,城镇老旧小区改造、城市功能提升项目等存量市场将成为新的蓝海;四是管理要求,建筑业企业需要提升质量标准化、安全常态化、管理信息化,建造方式绿色化、智慧化、工业化和国际化;五是融合协同发展,建筑业需要同产业链上下游企业、关联行业加强融合发展。

当前,在新材料、新装备、新技术的有力支撑下,工程建造正以品质和效率为中心,向绿色化、工业化和智慧化程度更高的新型建造方式发展。新型建造方式的落脚点体现在绿色建造、智慧建造和新型的建筑工业化上。这将推动全过程、全要素、全方位参与的"三全"升级,促进新设计、新建造、新运维的"三新"驱动。我们要科学把握生产方式转向新型建造发展的必然趋势,深刻理解科技创新引领建筑业高质量发展的逻辑,具备历史观、未来观和全局观,紧紧抓住影响产业竞争力的关键领域和短板,通过改革和创新来推动行业转型升级、提质增效。

案例呈现

冬奥会里的"冰丝带"——国家速滑馆

三、以制度完善保障建筑体制健康

建筑体制健康事关人民群众生命财产安全,事关城市未来和传承,事关新型城镇化发展水平。近年来,我国许多地方发生居民楼房倒塌事件,尤其是 20 世纪 80 年代和 90 年代建设的楼房已经频频成为事故主角。20 世纪 80 年代之后,我国各地城市化建设提速,大批楼房密集建成,人们成为楼房居民享受生活的同时,也不得不接受这批建筑质量存在良莠不齐的现实。如今,许多楼房的建设年龄已经陆续达到 20 年、30 年,随着各地出现楼房坍塌现象,人们担忧一些城市会进入建筑质量不佳的"报复周期"。

按照我国《民用建筑设计通则》的规定,一般性建筑的耐久年限为 50~100 年。而我国土地的使用权一般为 70 年,这也大抵意味着人们期待附着其上的建筑有着相当的使用年限。有数据显示,英国建筑平均寿命可达 132 年,居世界首位;法国建筑的平均寿命是 102 年,而欧洲大部分国家建筑的平均寿命为 80 年,即使设计更新较快的美国建筑寿命也达 60 年,而中国建筑寿命仅为 35 年。数据如此,此前频频发生"楼歪歪""楼脆脆""楼倒倒"的事件更加剧人们心头的疑虑,中国建筑何以如此"短命"?

原因集中在两个方面:一是设计施工时候就留下隐患。20 个世纪八九十年代,建筑市场突飞猛进，质量监督、监理的环节多有欠缺，一些施工材料也难免存在质量缺陷，加上公众对于房屋质量的安全意识和检测手段都不足，这些因素酝酿了不少风险。二是居民使用建筑存在不当情形，如有些居民在装修房屋时损害了建筑的一些功能，或者居民在长期使用过程中对房屋缺乏必要的维修，导致建筑寿命大为缩短。

针对这样的情况，为避免悲剧再度发生，有关部门有必要推出一系列举措保障居民居住安全，尤其是在住房质量的监督、执法和服务方面更加到位，从以下3个方面切入，就可能从制度层面上为建筑"续命"。

（一）制定终身追责制

所有建筑工程都施行终身追责，设计者和建设者必须确保建筑在正常使用情况下达到规定的使用年限，如果以后发生质量安全事故，必须追究他们的法律责任。在一些地方，已经尝试把设计、施工、监理等单位的名字和负责人姓名刻在责任牌上，与建筑合为一体接受业主的监督。不过，早年建筑市场存在一些混乱，等到质量安全事故出现，一些设计和建设者恐怕都已经不知去向。这就要求政府在建筑市场的准入门槛把好关，在追责的问题上能够不遗余力，抓住典型案件，形成强大的威慑力。

（二）建立建筑安全档案

要建立完备的建筑安全档案，定期为建筑做安全体检。公众缺乏检测建筑安全的手段和条件，这主要是政府部门的责任。鉴于近年来，屡屡发生"80后""90后"建筑坍塌事件，我们可以在全国范围内对居民住宅实行体检，据此形成的安全档案可以供公众查询和监督。我国正在对不动产实行统一登记制度，而房屋的安全档案可以依托这套制度，形成全国建筑质量的动态监测网络，这也有助于从核心层面进行决策和管理。

（三）推行质量保险制度

目前，这项制度在一些地方推行，它是一种由承包商、开发商根据自己的责任购买的强制保险，房屋安全质量一旦出现问题，可由保险公司先承担相关的检测、更换及赔偿费用，再追偿相关责任人的责任。但是这项制度只是解决增量房屋的问题，在存量房屋问题上，其实也可以推行这样的制度，比如由政府、开发商和居民三方共同出资购买保险，一旦那些"80后""90后"建筑再发生事故，政府和居民就可以多一个追责的渠道。

第二节　清洁能源，生态城市建设的现实基础

能源就是向自然界提供能量转化的物质（矿物质能源，核物理能源，大气环流能源，地理性能源）。能源是人类活动的物质基础。清洁能源，即绿色能源，是指不排放污染物、能够直接用于生产生活的能源，它包括核能和"可再生能源"。可再生能源，是指原材料可以再生的能源，如水力发电、风力发电、太阳能、生物能（沼气）、地热能（包括地源和水源）、海潮能等能源。可再生能源不存在能源耗竭的可能，因此，可再生能源的开发利用，日益受到许多国家的重视，尤其是能源短缺的国家。

一、生态城市理论引领清洁能源利用

能源是人类活动赖以生存和发展的重要物质基础，城市发展需要能源的支撑，城市的规模、布局形态也影响能源的发展。创建多元化的城市能源体系，降低煤炭在能源结构中的比重，大力发展城市电力、供热和天然气等优质能源，加大能源在转换中的污染治理措施，保护环境，是建设节能型生态城市，保持城市可持续发展的重要举措。

（一）化石性燃料

自工业革命以来，由于大量使用能源，人类的文明程度得到了空前的发展。在所使用的能源中，大部分是化石性燃料（煤炭、石油和天然气），化石燃料在全世界的能源消耗中占主导地位，它约占全球初级能源消耗的85%。人类不断地燃烧化石燃料是排放温室气体的来源之一，是加快全球变暖的因素之一。

1. 煤炭

煤炭是化石燃料资源中数量最大的部分（表5-1）。煤炭是污染环境最严重的能源，煤炭形成的年代越近污染就越严重。煤炭的分类，从地质上的石炭纪到古生代末，即大约3.45亿~2.8亿年前期间形成的煤，含碳丰富，称为无烟煤或烟煤，第三纪时形成的是褐煤和第四纪时形成的是泥煤。

表5-1 我国部分地区煤炭储量分布 （单位：亿吨）

省（份）	预测资源量	褐煤	低变质烟煤	气煤	肥煤	焦煤	瘦煤	贫煤	无烟煤
全国	45515.0	1903.06	24215.1	9392.38	1032.11	1957.29	803.75	1468.88	4742.43
新疆	18037.3	—	12920.0	4754.50	312.60	24.80	25.40	—	—
山西	3899.18	12.68	53.85	70.42	343.90	508.02	301.89	589.79	2018.63
陕西	2031.10	—	523.79	800.15	115.89	111.49	64.45	94.53	320.80
贵州	1896.90	—	—	5.22	41.40	319.57	133.97	247.27	1149.47
宁夏	1721.11	—	1264.83	84.31	20.73	17.75	24.79	123.52	185.18
甘肃	1428.87	—	242.49	1172.99	1.63	—	5.72	4.83	1.21

2. 石油

石油又称原油，它是古代海洋或湖泊中的生物经过漫长的演化形成的混合物，与煤一样属于化石燃料。石油主要被用来作为燃油和汽油，燃料油和汽油组成目前世界上最重要的一次能源之一。但由于石油是一种不可更新原料，现在许多人担心石油用尽会对人类带来灾难性的后果。中国石油资源集中分布在渤海湾、松辽、塔里木、鄂尔多斯、准噶尔、珠江口、柴达木和东海陆架八大盆地。

3. 天然气

从广义的定义来说，天然气是指自然界中天然存在的一切气体，包括大气圈、水圈、生物圈和岩石圈中各种自然过程形成的气体。而人们长期以来通用的"天然气"的定义，是从能量角度出发的狭义定义，是指天然蕴藏于地层中的烃类和非烃类气体的混合物，主要存在于油田气、气田气、煤层气、泥火山气和生物生成气中。世界上 2/3 的储藏量位于前苏联和中东（伊朗等）。我国天然气资源量区域主要分布在我国的中西盆地。

（二）可再生资源

人们使用可再生资源的历史已有几十万年。这种资源具有断续性和稀缺性的特征。自然界有时会将可再生能源富集。例如，利用水流所经过的地形高低差可以获得巨大的水利势能。目前在我国修建的长江三峡大坝正是利用这个原理修建的水电站。

大多数可再生资源（水能、太阳能、风能和生物能）都是源自于太阳辐射，这是人类史值得庆幸的事情，因为这些能源是取之不尽、用之不竭的，直到太阳和地球毁灭为止。来源于人类活动的某些垃圾也可以视为一种可再生资源。

1. 水能

水能是一种可再生能源，水能或称为水力发电，是运用水的势能和动能转换成电能来发电的方式。水能主要用于水力发电，其优点是成本低、可连续再生、无污染。缺点是分布受水文、气候、地貌等自然条件的限制大。水容易受到污染，也容易被地形，气候等多方面的因素所影响。

广义的水能资源包括河流水能、潮汐水能、波浪能、海流能等能量资源；狭义的水能是指河流水能。人们目前最易开发和利用的比较成熟的水能也是河流能源。

2. 太阳能

太阳能，一般是指太阳光的辐射能量，在现代一般用作发电。自地球形成生物就主要以太阳提供的热和光生存，而自古人类也懂得以阳光晒干物件，并作为保存食物的方法，如制盐和晒咸鱼等。太阳能的利用有被动式利用（光热转换）、光电转换和光式转换三种方式。太阳能发电一种新兴的可再生能源。

3. 风能

风能是地球表面大量空气流动所产生的动能。由于地面各处受太阳辐照后气温变化不同和空气中水蒸气的含量不同，因而引起各地气压的差异，在水平方向高压空气向低压地区流动，即形成风。风能资源决定于风能密度和可利用的风能年累积小时数。风能密度是单位迎风面积可获得的风的功率，与风速的三次方和空气密度成正比关系。据估算，全世界的风能总量约 1300 亿千瓦，中国的风能总量约 16 亿千瓦。

4. 生物能

生物能是以生物为载体将太阳能以化学能形式贮存的一种能量，它直接或间接地来源于植物的光合作用，其蕴藏量极大，仅地球上的植物，每年生产量就像当于目前人类消耗矿物能的 20 倍。在各种可再生能源中，生物质是贮存的太阳能，更是一种唯一可再生的碳源，可转化成常规的固态、液态和气态燃料。

5. 沼气

在日常生活中，沼气算是我们最常用到的生物质能。沼气是有机物在厌氧条件下被微生物分解发酵生成的一种可燃性气体。其主要成分是甲烷，含量占60%左右，此外，二氧化碳占40%左右，以及其他微量成分。我国的沼气最初主要为农村户用沼气池，沼气池产生的沼气用于农村家庭的炊事来逐渐发展到照明和取暖。

农村沼气把能源建设、生态建设、环境建设、农民增收链接起来，促进了生产发展和生活文明。发展农村沼气，优化广大农村地区能源消费结构，是中国能源战略的重要组成部分，对增加优质能源供应、缓解国家能源压力具有重大的现实意义。

案例呈现

哈默比湖城

二、合理投入能源利用，提高能源利用效率

（一）完善煤炭清洁开发利用政策

立足以煤为主的基本国情，按照能源不同发展阶段，发挥好煤炭在能源供应保障中的基础作用。建立煤矿绿色发展长效机制，优化煤炭产能布局，加大煤矿"上大压小、增优汰劣"力度，大力推动煤炭清洁高效利用。制定矿井优化系统支持政策，完善绿色智能煤矿建设标准体系，健全煤矿智能化技术、装备、人才发展支持政策体系。完善煤矸石、矿井水、煤矿井下抽采瓦斯等资源综合利用及矿区生态治理与修复支持政策，加大力度支持煤矿充填开采技术推广应用，鼓励利用废弃矿区开展新能源及储能项目开发建设。依法依规加快办理绿色智能煤矿等优质产能和保供煤矿的环保、用地、核准、采矿等相关手续。科学评估煤炭企业产量减少和关闭退出的影响，研究完善煤炭企业退出和转型发展以及从业人员安置等扶持政策。

（二）完善煤电清洁高效转型政策

在电力安全保供的前提下，统筹协调有序控煤减煤，推动煤电向基础保障性和系统调节性电源并重转型。按照电力系统安全稳定运行和保供需要，加强煤电机组与非化石能源发电、天然气发电及储能的整体协同。推进煤电机组节能提效、超低排放升级改造，根据能源发展和安全保供需要合理建设先进煤电机组。充分挖掘现有大型热电联产企业供热潜力，鼓励在合理供热半径内的存量凝汽式煤电机组实施热电联产改造，在允许燃煤供热的区域鼓励建设燃煤背压供热机组，探索开展煤电机组抽汽蓄能改造。有序推动落后煤电机组关停整合，加大燃煤锅炉淘汰力度。原则上不新增企业燃煤自备电厂，推动燃煤自备机组公平承担社会责任，加大燃煤自备机组节能减排力度。支持利用退役火电机组的既有厂址和相关设施建设新型储能设施或改造为同步调相机。完善火电领域二氧化碳捕集利用与封存技术研发和试验示范项目支持政策。

(三)完善油气清洁高效利用机制

提升油气田清洁高效开采能力,推动炼化行业转型升级,加大减污降碳协同力度。完善油气与地热能以及风能、太阳能等能源资源协同开发机制,鼓励油气企业利用自有建设用地发展可再生能源和建设分布式能源设施,在油气田区域内建设多能融合的区域供能系统。持续推动油气管网公平开放并完善接入标准,梳理天然气供气环节并减少供气层级,在满足安全和质量标准等前提下,支持生物燃料乙醇、生物柴油、生物天然气等清洁燃料接入油气管网,探索输气管道掺氢输送、纯氢管道输送、液氢运输等高效输氢方式。鼓励传统加油站、加气站建设油气电氢一体化综合交通能源服务站。加强二氧化碳捕集利用与封存技术推广示范,扩大二氧化碳驱油技术应用,探索利用油气开采形成地下空间封存二氧化碳。

三、科学调整能源结构,推进高效绿色能源发展

目前,我国能源活动碳排放量占二氧化碳排放总量的88%左右,加快能源结构绿色低碳转型是推动碳达峰、碳中和的关键。中央财经委员会第九次会议强调"'十四五'是碳达峰的关键期、窗口期""以能源绿色低碳发展为关键"。为做好碳达峰、碳中和工作,应结合能源碳达峰工作和"十四五"能源规划编制,加快推进能源结构调整。

(一)加强总量控制,推动煤炭生产消费绿色转型

近年来,落实《中共中央国务院关于全面加强生态环境保护坚决打好污染防治攻坚战的意见》《国务院关于印发打赢蓝天保卫战三年行动计划的通知》等部署,国家能源局同发展改革委、生态环境部等部门扎实推进煤炭消费减量替代和清洁高效利用。大力淘汰煤炭落后产能、压减过剩产能,实施可再生能源及天然气、电力等清洁能源替代煤炭消费,推动煤炭消费比重显著下降,2020年降至56.8%,清洁高效利用水平大幅提升,全国超过9亿千瓦煤电机组实现超低排放,建成全球最大清洁煤电供应体系,京津冀及周边地区、汾渭平原完成散煤替代超过2500万户。推动绿色矿山建设,建成绿色矿业发展示范区9个、绿色矿山284个。

下一步,我国将以煤炭为重点控制化石能源消费。严控煤电项目,"十四五"时期严控煤炭消费增长,"十五五"时期逐步减少。在清洁取暖、工业生产、农业生产加工、建筑供冷供热等领域,因地制宜有序推进"煤改电""煤改气""煤改生物质"等工程,提升终端用能低碳化电气化水平,大幅压减少煤消费。继续推进北方地区冬季清洁取暖,减少取暖用煤需求,推广热电联产改造和工业余热余压综合利用,鼓励公共机构、居民使用非燃煤高效供暖产品,逐步淘汰供热管网覆盖范围内的燃煤小锅炉和散煤。全面深入拓展电能替代,大力推进燃煤自备电厂清洁替代,在钢铁、铸造、玻璃、陶瓷、农业等重点行业积极推广电锅炉、电窑炉、电排灌、电加热等技术,2025年电能占终端用能比重达到30%左右。

(二)加快结构转型,打造清洁低碳安全高效的能源体系

"十三五"以来,我国大力发展非化石能源,能源结构持续优化,低碳转型成效显著,

能源消费增量的60%以上由清洁能源供应。2020年，我国非化石能源消费比重达到15.9%，水电、风电、太阳能发电、核电装机分别达到3.7亿千瓦、2.8亿千瓦、2.5亿千瓦、0.5亿千瓦，非化石能源发电装机容量稳居世界第一。推动重点行业和领域能源消费转型。发展绿色节能建筑，发布《近零能耗建筑技术标准》《绿色建筑评价标准》。加强工业节能管理，连续发布《国家工业节能技术装备推荐目录》《"能效之星"产品目录》，对全国2.4万家企业实施专项节能监察。实施绿色出行行动计划，加快新能源汽车推广应用，推进绿色货运示范工程。

聚焦碳达峰、碳中和目标，以能源绿色低碳发展为关键，"十四五"期间，将坚持走生态优先、绿色低碳的发展道路，加快调整能源结构，推动能源生产消费模式绿色低碳变革。一方面，着力加强清洁能源供给，大力发展非化石能源，实施可再生能源替代行动，构建以新能源为主体的新型电力系统。坚持集中式和分布式并举，大力发展风电和太阳能发电，2030年总装机规模达到12亿千瓦以上。加快西南水电基地建设。在确保安全的前提下，积极有序推进沿海核电建设。同时因地制宜推动生物质能、地热能等其他可再生能源的开发利用。因地制宜推进风光储一体化、风光水（储）一体化等多能互补发展。健全清洁能源电力消纳保障机制，系统解决消纳问题。力争2025年非化石能源占一次能源消费比重达到20%左右，2030年达到25%左右。另一方面，着力推动重点用能行业和领域节能降碳。加强工业领域节能和能效提升，推进绿色制造，推广应用先进适用节能技术装备产品。指导试点城市开展绿色城市建设，推动绿色建筑发展，将绿色建筑基本要求纳入工程建设强制规范，加强建筑节能管理，推动公共建筑能效提升和超低能耗、近零能耗建筑发展。构建绿色低碳交通运输体系，优化调整运输结构，大力发展多式联运，推动大宗货物中长距离运输"公转铁""公转水"。推进数据中心、5G通信基站等新型基础设施领域节能和能效提升，推动绿色数据中心建设。

（三）加大技术创新，筑牢碳达峰碳中和基础

经过多年发展，我国初步建立了重大技术研发、重大装备研制、重大示范工程、科技创新平台"四位一体"的能源科技创新体系，有力支撑了能源清洁低碳转型发展。风电、光伏技术总体处于国际先进水平，风机、光伏电池产量和装机规模世界第一。10兆瓦级海上风电机组完成吊装。晶硅电池、薄膜电池最高转换效率多次创造世界纪录，量产单多晶电池平均转换效率分别达到22.8%和19.4%。太阳能热发电技术进入商业化示范阶段。水电工程建设能力和百万千瓦级水电机组成套设计制造能力领跑全球。形成了较完备的核电装备产业体系。全面掌握1000千伏交流、±1100千伏直流及以下等级的输电技术。组织开展碳捕集、利用与封存（CCUS）相关技术研究和试点示范。

在碳达峰碳中和、生态文明建设等目标要求下，我国能源转型对科技创新的需求比以往任何时候都更为迫切。下一步，我国将持续巩固提升风电、光伏技术优势，加快大型风电机组、深远海域风电、高效率光伏电池、光热发电等技术创新，推进海域天然气水合物产业化进程。加强储能、氢能等前沿技术研究，开展新型储能关键技术集中攻关，推动储能成本持续下降和规模化应用，与有关部门研究编制氢能产业发展规划，开展可再生能源

制氢示范，通过技术进一步降低制氢成本。支持 CCUS 技术研发和示范项目建设，特别是在不同地质条件下实现二氧化碳全流程集成、大规模超临界管道输送、长期安全监测等技术应用示范，推动 CCUS 技术尽早实现大规模商业化应用，探索在资源和封存支撑条件好的地区开展 BECCS（生物能结合碳捕获和封存）示范。

案例呈现

格力"零碳源"——光伏是技术也是新生活方式

四、统筹协调整体发展，推动生态城市建设

城市建设是现代化建设的重要引擎。在对未来城市的探索中，生态文明要素必不可少。但生态城市建设不是生态与城市的简单相加，而是两者内外系统及其多种要素的纵深相融。

（一）抓好自然生态、城市工作、人文关怀的融入

生态城市建设要顺应自然规律、适应城市工作要求、满足人民期待。生态城市建设首先要让自然生态环境融入城市，形成山清水秀的生态空间。城市建设须尊重自然、顺应自然、保护自然，以自然为美，把好山好水好风光融入城市，使城市内部的水系、绿地同城市外围河湖、森林、耕地形成完整的生态网络。

生态城市中的"生态"，不只是纯自然层面和生态学意义上的生态，更强调全局性、整体性、协同性、平衡性，这就要求生态文明要素浸润到城市工作的全过程和各领域，特别是要贯穿于城市的功能定位、规划设计、建设管理等环节。在生产生活空间布局、人口用地规模管控、产业类型结构调整等方面，也要与资源环境相协调，使城市发展由外延扩张式向内涵提升式转变。

生态城市是环境与社会的复合体，其建设要融入让群众生活更舒适的理念，服务于人的绿色生活和身心健康。这就需要集约高效的生产空间、宜居适度的生活空间，特别是社区建设中要有完善的基础设施和综合服务，使工作、居住、休闲、交通、教育、医疗等有机衔接、便利快捷。

（二）抓好历史文化、现代科技、地域环境的融通

生态城市建设要有特色，在传承文化、运用科技、借鉴经验中树立品牌。历史文化是城市的灵魂，生态城市建设必须延续城市历史文脉，不仅要保护好前人留下的文化遗产，而且要留住城市特有的地域环境、文化特色、民俗特点、建筑风格等基因，将良好生态与城市精神关联，成为展现城市形象的发力点。

生态城市建设是时代发展的要求，必须坚持创新驱动。从实际出发，在工程建造、清

洁生产、能源利用、废弃物处理、交通运输、基础设施等领域加强研发和广泛运用先进的节能环保技术、材料等。同时，与物联网、人工智能、大数据、云计算等新技术新应用结合起来，使生态城市的运营和服务更精细。

总之，生态城市建设既要避免缺乏特色风貌的"千城一面"，又要防止盲目模仿和复制。利用生态技术时，应在注重生态效益的基础上，兼顾经济和社会效益。

（三）抓好主体参与、新老城乡、显隐评价的融合

生态城市建设涉及"五位一体"总体布局的各领域，必须加强党对生态城市建设的领导，还要善于调动各方面的积极性、主动性和创造性，真正实现生态城市的共治共管、共建共享。

必须打破主要依靠行政手段、依赖政府推进生态城市建设的局面，补齐市场机制不足、社会参与不够的短板，拓宽公众参与渠道，增强公众的生态环境意识。生态城市建设应注重内部的工业区、商业区与居住区等生态功能区划，将新城开发建设、示范辐射与老城保护修复、改造整治相结合。还应加强与外部区域的联系，特别是要实现城市与乡村在空间、功能、产业上的分工互补。

生态城市建设需注重多元长周期评价反馈，其成效体现在水、气、土、声、辐射和植被覆盖、生物丰度等人居环境质量指标上，也体现在绿色的基础设施、景观设计、建筑园区等载体上，还体现在形成的政策、制度、技术、标准等方面。

生态城市建设应避免政府唱"独角戏"，更要切实用生态良方破解"城市病"，久久为功，促进生产生活方式绿色转型，形成在一定范围内可复制、可推广的生态城市建设经验。

第三节 城市绿地，生态城市建设的升级优化

一、城市绿地系统

城市绿地系统是城市总体规划的有机组成部分，反映了城市的自然属性。在人类选址建造城市之初，大多将城市选择在和山、川、江、湖毗邻的地方，它给予城市的形态、功能布局及城市景观以很大影响。先有自然，后有城市，自然环境对城市发展的影响是巨大的。但随着工业的发展、人口的增加，城市中自然属性逐渐减弱，城市绿地系统成为体现促进自然特色的主要组成部分，人类利用城市绿地系统改善城市环境，美化城市景观，完善城市体系。作为城市系统中的一个重要组成部分，城市绿地系统的功能应该是多元的。从城市绿地产生之初的满足物欲需要到后来发现其视觉美景性情陶冶的作用，直到现代城市绿地系统的满足文化休闲娱乐功能和强调景观生态功能，可以看出，城市绿地系统的功能作用随着人类对城市、城市环境的理解与认识的进步而不断地变化。随着城市绿地系统和规模的发展，城市绿地系统的功能也变得更为综合多元化。

城市绿地系统概念也可分为广义的城市绿地系统和狭义的城市绿地系统。

广义的城市绿地系统是指城市内部和城市外部所有绿地所共同组成的整体，即既包括市区层面的绿地系统也包含了市域层面的绿地系统。例如，在2002年颁布的《城市绿地系统规划编制纲要（试行）》当中，其规定城市绿地系统规划的主要任务指"合理安排城市各类园林绿地建设和市域大环境绿化的空间布局，达到保护和改善城市生态环境、优化城市人居环境、促进城市可持续发展的目的"；并将"市域绿地系统规划"列为一个独立章节，作为城市绿地系统规划编制的必要内容。因此，在许多情况下，城市绿地系统的概念范畴都会被拓展到市域范畴。

狭义的城市绿地系统概念范畴，即与城市绿地概念范畴相对应，主要指城市规划区范畴内各类城市绿地所组成的绿地系统，例如，2002年版的《园林基本术语标准》（CJJ/T91-2002）对城市绿地系统（Urban Green Space System）的定义是"由城市中各种类型和规模的绿化用地组成的整体"，周聪惠所著的《城市绿地系统规划编制方法：基于绿地功能与空间属性的规划调控》中定义城市绿地系统为"城市中具有一定数量和质量的各类绿化及其用地，相互联系并具有生态效益、社会效益和经济效益的有机整体"。

二、城市绿地规划布局

城市绿地系统规划布局总的目标是保持城市生态系统的平衡，满足城市居民的户外游憩需求，满足卫生和安全防护、防灾、城市景观的要求。

（一）均衡分布，比例合理

城市公园绿地，包括全市综合性公园、社区公园、各类专类公园、带状公园绿地等，是城市居民户外游憩活动的重要载体，也是促进城市旅游发展的重要因素。城市公园绿地规划以服务半径为基本的规划依据，"点、线、面、环、楔"相结合的形式。将公园绿地和对城市生态、游憩、景观和生物多样性保护等相关的绿地有机整合为一体，形成绿色网络。按照合理的服务半径和城市生态环境改善，均匀分布各级城市公园绿地，满足城市居民生活休息所需；结合城市道路和水系规划，形成带状绿地，把各类绿地联系起来，相互衔接，组成城市绿色网络。

（二）指标先进

城市绿地规划指标的制定分近、中、远三期规划指标，并确定各类绿地的合理指标，有效指导规划建设。

（三）结合当地特色，因地制宜

应从实际出发，充分利用城市自然山水地貌特征，发挥自然环境条件优势，深入挖掘城市历史文化内涵，对城市各类绿地的选择、布置方式、面积大小、规划指标进行合理规划。

（四）远近结合，合理引导城市绿化建设

考虑城市建设规模和发展规模，合理制定分期建设，确保在城市发展过程中，能保持

一定水平的绿地规模，使各类绿地的发展速度不低于城市发展的要求。在安排各期规划目标和重点项目时，应依城市绿地自身发展规律和特点而定。近期规划应提出规划目标与重点，具体建设项目、规模和投资估算。

（五）分割城市组团

城市绿地系统的规划布局应与城市组团的规划布局相结合。理论上每 25~50 千米，直设 600~1000 米宽的组团分割带。组团分割带尽量与城市自然地和生态敏感区的保护相结合。

三、未来城市

（一）海绵城市

海绵城市是指城市在面对自然灾害时能够像海绵一样去缓解自然灾害，在严重降雨时，海绵城市可以渗水、吸水、储存水以及净化水。当今，国内部分城市通过逐步建设海绵城市用以解决城市内涝问题，海绵城市的建设也得到了国家的大力支持。

1. 海绵城市的作用

（1）净化水资源

建设海绵城市的目的是为了恢复水在生态循环中的正常作用。由于污水的随意排放，导致各区域从水体贫瘠营养状态过渡到富营养状态，主要是由于人为排放含营养物质的工业废水和生活污水所引起的。海绵城市中的植物可以吸收有害物质，并且通过自身的转化作用将有害物质转化为对植物自身有利的元素。海绵城市也对污水进行了分类和处理，每种污水中含有不同的污染物质，并且相差较大。如何分类和处理各污水是我国近年来所要思考的问题。海绵城市能够有效收集和过滤雨水，它不仅可以处理污水，而且保护城市自身的水资源，改变了以往以排水为主的方法，净化水资源。

（2）缓解城市热岛效应

城市由于建筑物和道路等蓄热体的影响以及绿地减少等因素，导致城市的气温明显高于周边的农村地区。近年来，大部分城市通过建设海绵城市来缓解城市热岛效应，取得了非常显著的效果。海绵城市通过更换路面材质，使其具有渗水、收集水的作用，并且通过水蒸气的方式散发到大气中，从而降低城市的温度。海绵城市也增大了植被面积，植物可以通过自身的生物作用来影响城市的温度，总的来说，海绵城市不仅可以缓解城市热岛效应，而且也会促进城市的生态环境改善，实现生态平衡会增加城市的吸引力、提升空气质量以及为各种动植物提供赖以生存的生态环境。

2. 海绵城市的建设措施

（1）优化城市管网系统

排水管网系统是海绵城市关键的组成部分，它能够很好地解决城市内涝问题。优化城市的管网系统，主要是提高建设管网的标准，对天然土地的保留，而且还需要对系统中的干管长度进行减少。但是在管网系统中，维修和管理费用是非常昂贵的，如何去减少费用也是优化城市管网系统的重要办法。除此之外，结合城市绿地、河流对管网的辅助，也可提高排涝的效果。不仅如此，城市管网系统的建设也应该借鉴国外的经验，国外管网系统的修建结合了当地环境、地形等因素，我国城市管网系统的建设也应该结合我国城市的个性化特征，修建不同的管网系统。总的来说，主要对容量大的排水管进行建设，对容量小的排水管进行改善，这样就能够为城市内涝的预防和解决提供更多的帮助。

（2）改进新建道路的施工技术

我国大部分路面依旧采用水泥和沥青路面，这种路面排水性能不好。增大材料的孔隙率和加大路面的厚度能够使得雨水更好地下渗，这就需要改变以往的施工技术。对不同的地区采用不同的施工材料和技术，对低洼地带，不仅需要采用透水材料修建路面，也需要在下方做好储存水的设施。在人行道和车行道，使用透水性好的材料。

（3）对河网水系、绿地、湿地等雨水滞纳区进行充分利用

随着城市的发展，城市本身需要更多完善的蓄水和排水措施。但是，部分城市大量填埋河流来换取更多的建筑土地，影响了城市的排水效率。要解决城市内涝问题，必须对河网水系进行科学管理，让河流成为排泄洪水的载体，并且要对河道进行定期疏通。绿地、湿地不仅能够蓄水，还能够改善生态环境，城市绿地主要是由绿化带来体现，绿化带与道路设计相结合可以减少路面积水。海绵城市中建设的绿化带会过滤水中的杂质，净化水资源，进一步填补了地下水。在城市规划中，应该增加绿化面积和雨水滞纳区，这样不仅可以减少水资源的浪费，也可以使人们有更好的生活环境，提高人们的生活质量。

（二）智慧城市

智慧城市是指利用各种信息技术或创新概念，将城市的系统和服务打通、集成，以提升资源运用的效率，优化城市管理和服务，改善市民生活质量。其实现的主要路径是通过利用通信和信息技术对现代城市运行的核心系统产生的重要信息进行检测，随后通过信息化手段对城市建设、民生及各类活动进行引导和管理，提高城市管理和运行效率、提高城市安全性等，从而实现未来城市的有序高效发展。

1. 智慧城市的作用

（1）有利于提高城市利用效率

智慧城市的概念充分利用了互联网的优势，并将智能和数字技术充分利用到城市管理系统中，能够把城市的资源充分利用起来。一方面，未来"数字城市"的成熟经验被完整的应用到智慧城市中，为了做到未来城市的高效智能化，政府等相关部门把计算机等云计算和运营相互结合起来，另外，智慧城市的概念通过探索更有效的互联网交流方式并与其他城市进行业务合作，使各个城市间能够获得最大化利益，进而使居民生活质量得到提高。另一方面，政府在智慧城市的建设中发挥着至关重要的政策制定以及政策实施的监管作用，各个环节都保证在政府的监管下统筹规划，此外，城市的各个职能部门还具有各自的独立性，能够重复发挥各自的主观能动性，积极配合智慧城市的建设。

（2）有利于引发新一轮的技术创新

任何新事物的发展都需要科学技术的力量来协助，智慧城市的建设，从感知层、通信

层、数据层到应用层,需要 5G、AI、云计算、大数据、物联网等信息技术的创新发展来保障。因此智慧城市的建设将大力推动城市科技创新活动,刺激互联网工作者对其从事的领域进行创新,进而促进互联网行业快速发展。作为信息技术的重要组成部分,互联网和电子信息技术具有得天独厚的优势,它可以把计算机技术和电子技术的优点集中起来,为建设未来智慧城市提供高速的信息处理能力,能够快速地把文字、声音、视频等信息进行快速处理,通过视频、音频、符号和其他相关信号传输的信息被获取、区分、处理,因此,在信息技术的帮助下,城市的各种产业会发生爆发式的增长,随后产生质变,进而发生新的技术革新。

(3) 有利于大型新兴产业的诞生

智慧城市概念的出现对城市的传统工业机构产生了影响。大型新兴产业开始兴起:①绿色能源制造业发展态势良好。智慧城市的发展按照"绿水青山就是金山银山"这个理念践行下去的,将绿色、环保作为重要发展理念。②互联网和云计算的支持必不可少,为了扩大不同产业链的发展范围,需要对智慧城市的概念进一步普及,进而带动物联网的飞速发展,5G 建设更是迎合着智慧城市理念的发展,使通信技术大大规模发展,使人们的生活更加便利。

2. 智慧城市的建设措施

(1) 加强科技创新,为智慧城市技术打下基础

与传统城市相比,智慧城市在城市管理和运营模式上具有明显的差异和优势。智慧城市的城市管理运营主要基于信息技术,包括物联网。互联网与云计算技术的集成。同时,为保证城市运行合理化,有必要完善基于信息技术的城市公共建设体系。可以看出,在未来发展智慧城市的过程中,对科学技术的不断革新、创新是必不可少的,对更高级的设备需求更是日益强烈。因此更要对互联网和物联网的优势加以充分利用,从多角度、多层面建设智慧城市。另外,智慧城市的概念在于利用信息技术网络来改善城市的生活和管理便利性。

(2) 加强综合协调机制建设,促进智慧城市建设全面发展

智慧城市的建设涉及各行各业,其中包括出行、医疗、教育等各个方面,这些行业既有相互独立又互相有交叉的地方,所以在未来城市的建设过程中,有必要构建一个"集成"机制来提供多个区域的全面协调。但是,从中国当前城市发展的角度来看,仍未有一个完善综合的制度来保障智慧城市建设能够顺利进行。城市规划建设部率先提出智慧城市的理念,并提出了对应的战略目标,随后住房和城乡建设部也参与进来。

(3) 加强"顶层设计"促进智慧城市建设

如今,我国的未来智慧城市建设还不够完善,制度与法律法规还不健全,在建设智慧城市的过程中难免会发生资源的不合理配置,总体规划和建设不能统一。原因是对城市规划建设管理的支持存在一定差异。因此,我国已经开始推动城市化的新方向和新方法。但是,城市化的步伐必须与国家有关政策紧密联系。禁止盲目进行规划和建设。将智慧城市的概念纳入未来的城市建设规划,以合理的思路支持智慧城市的建设。

案例呈现

中国电信,福建省厦门市:5G City

＃ 第六章
绿色发展的生态产业

良好的生态环境是人类生产生活的基础。一直以来，党中央、国务院以及各级党委、政府坚持绿色发展理念，倡导绿水青山就是金山银山，全面推进绿色生态产业发展，促进经济结构转型升级，大力发展循环经济和绿色经济。

第一节 绿色发展新动能

一、绿色生态价值实现

（一）关于生态价值

1. 人类中心主义：传统生态价值观

长期以来人类对生态环境恣意破坏的一个重要原因，是与过于强调人类自身的价值、无视或者否定生态价值有关的。这又与对价值概念存在着模糊的认识相关。客观事物有无价值以及价值的大小，都必须由主体的需要和实用性来度量。这种由主体的需要和实用性来度量客观事物有无价值以及价值的大小，势必会导致赤裸裸的功利主义和实用主义。

基于此，传统的生态价值观念认为人类自身的利益高于其他非人类，包括生态环境，这是自然而然的事情，这就是人类中心主义。但在现实中，人是具体的个人或利益群体，因而从一定意义上说，所谓"人类中心主义"实际上是个人中心主义。而这正是一种暴戾恣睢的人类自私主义的具体体现，他们认为对待自然界是可以为所欲为的，生态环境的价值就在于满足包括人在内的所有生命现象的生存要求，对生态环境人们只有权利而没有义务。强化的人类中心主义，以感性的意愿为价值参照系，把自然事物作为满足人的一切需要的工具和对象，自然界也就变成了供人任意索取的原料仓库。诺顿认为，这种强化的人类中心主义，就是人类"主宰征服"自然的人类沙文主义。

2. 生态整体主义：现代生态价值观

现代生态价值观从人与自然的关系出发，自然物具有两种价值：第一，自然物对人具有"工具性价值"；第二，自然物在生态系统中具有不可替代的功能作用——"生态价值"。自然物的生态价值是指自然物直接对生态系统的稳定和平衡所具有的功能。事实上地球是个资源有限的星球，人类在地球上开采、利用着资源和影响着环境，而它的资源和环境承受力是有限度的。一旦超出一定的限度，必然导致资源枯竭和生存环境的恶化，尤其是生态环境的恶化带来的影响极为深远。这也说明，自然界的生态价值是有限度的，也是脆弱的。既然是有限度的，也就意味着从经济层面看就是有价值的，并且越是有限的、稀少的，就越有价值。一方面，工业社会的消费主义兴盛，以及资源产品中没有包含或者较少包含采掘资源时所付出的生态代价，这就出现过度采掘、砍伐和消费，进而导致"公地"悲剧，生态破坏也就成为必然。另一方面，地球对人类及其活动的承受力是有限度的。有人类活动就必然有废弃物的产生，也就必然要付出一定的环境代价，一旦废弃物超过地球的环境承受的限度，就会导致负担过重和严重的环境问题。这不仅仅是环境问题，更是生存问题。从目前来看，空气、雨水、阳光等自然生态，它们的价值就是满足生命现象的需要，似乎是免费的，但我们不对生态价值加以深刻的理解，不对自然生态进行呵护，非要等到雾霾缠身、污水遍地，才意识到生态环境也是有巨大价值的吗？由此可见，生态环境不仅有使用价值，而且本身也有其经济价值、伦理价值和功能价值。在全面反思传统生态价值观后，现在需要建构一种崭新的生态价值观，即生态整体主义，强调世界是一个"人—社会—生态"和谐共生的复合整体。它要求我们认识和改造世界时不是单纯以人为尺度，也不是单纯以自然为尺度，要以"人—社会—生态"生态复合系统为尺度。这样既反对只注重自然而忽视人的自然生态观，同时，也反对只注重人而忽视自然的社会历史观，并以促进包括人类在内的整个生态系统的和谐、健康和美丽为最高目标，从而真正达到"生态—经济—社会"三者共赢和谐发展之境界。

（二）绿色生态价值内涵

改革开放40年来，我国经济建设取得巨大成就，人民生活不断改善，逐步从短缺走向充裕、从贫困走向小康。然而，在发展的过程当中，我国却仍然部分延续了西方发达国家的老路，即以资源、环境等生产要素的消耗作为经济增长的内生动力，片面追求经济稳定、高速增长，却忽略了其中所包含的潜在威胁。这种粗放型经济发展方式，使我国在数十年内就完成了数百年来西方国家的经济发展历程，但其伴随的问题也于短时间内集中体现：空气质量恶化、水污染严重、水资源短缺、生活垃圾围城等"城市病"频频爆发，成为城市发展与民众生存环境的巨大殇痛。目前，我国仍处于经济高速发展阶段，但生态环境保护的形势严峻，经济发展与环境保护间的关系受到更多关注。

随着我国经济的不断发展，国内许多发达地区已逐渐进入环境改善的"时间窗口期"，人民群众对美好生活的向往愈加强烈，生态环境愈发受到更多的关注。2005年8月，习近平同志首次提出"绿水青山就是金山银山"的科学论断，"绿水青山就是金山银山"成为生态文明建设有关论述的核心论断。党的十八大以来，以习近平同志为核心的党中央把生态文明建设作为统筹推进"五位一体"总体布局和协调推进"四个全面"战略布局的重要内容，提出"美丽中国"的奋斗目标。

1. 经济社会发展中的自然资源和生态环境评价

国内外已有许多致力于考察经济社会发展对生态环境影响的研究，包括较为传统的

"绿色 GDP"和"生态系统生产总值（GEP）"以及近年来新提出的"生态 GDP""经济—生态生产总值核算""绿色 GDP 2.0"等。其中，"绿色 GDP"强调从国内生产总值中扣除因资源消耗、生态环境破坏造成的损失，把自然资源、生态环境看作经济发展的成本；"GEP"更多强调以货币的形式表现生态系统的自然属性，以此评价生态环境修复的价值；"生态 GDP"和"经济—生态生产总值核算"均尝试将绿色 GDP 与 GEP 相结合，试图更全面地表征经济发展对环境的影响；"绿色 GDP 2.0"框架体系较之"绿色 GDP 1.0"，纳入了更多的考量维度，依循现有的国民经济核算框架体系，注重以货币形式衡量各指标的经济效益。

综上所述，绿色生态价值研究要借鉴上述各方法的经验，从三个角度考虑绿色生态价值内涵的界定：①突出自然环境本身的生态价值，人的活动应适当补充和提升该价值；②树立"良好生态环境能够促进经济发展"的理念；③注重生态环境的派生价值，立足于城市，开展更为全面深入、更具独创性、符合新时代特征的绿色生态价值研究。

2. 绿色生态价值组成要素分析

从不同维度分析绿色生态价值的构成：①社会发展：党和国家对地方发展的要求已经从单纯的评价 GDP 发展转变为维护地方的绿水青山和可持续发展的综合考核评价体系；②经济层面：污染治理的成本将越来越高，消耗自然资源的代价也将越来越高；③生态环境：绿水青山作为绿色生产资源的一种，本身就是巨大的财富；④居民幸福：老百姓已解决温饱问题，经济收入增长带来幸福边际效益的减少，人民群众对良好自然环境的渴求不断增强。在我国环境与经济关系发生了全局性、根本性转变的大背景下，优美的环境质量变成了转变经济发展模式的基础，是吸引优质项目、优秀人才和打造宜居生活环境的不可或缺的资源，具有自然资本的价值，是经济高质量发展的生产要素，也是高质量发展的结果，逐渐成为区域发展的核心竞争力。

3. 绿色生态价值内涵

基于要素分析，本研究提出的绿色生态价值内涵包括：一个核心价值—生态环境价值；三个派生价值—产业动力价值、城市宜居价值和创新集聚价值（图6-1）。

图 6-1　绿色生态价值内涵框架

(三) 派生的绿色生态价值

1. 产业动力价值

产业动力价值表现为对与生态建设直接相关的产业及其上下游产业的推动作用。政府对于绿色生态建设的投资会直接拉动内需，促进水利、环境和公共实施管理等与之直接相关的产业的发展，从而进一步对其上下游产业带来正面的激励，推动城市产业经济的整体发展。

绿色生态投资会给经济增长带来规模效应和技术效应，当绿色生态投资规模达到一定程度后，将极大地激发社会总需求、社会总供给，助力产业升级，提高全社会的生产效率。

2. 城市宜居价值

城市宜居价值表现为绿色宜人的生活环境、山水相宜的城市风貌和居民生活的幸福感，反映的是"人、城、境、业"中以人为主体，最为直观地感受到绿色生态建设的成果。当前，中国大中型城市的居民已经能够解决自身基本的温饱需求，个人的收入与消费水平也随着总体经济发展的不断提高而提高，城市经济发展水平对于提升城市宜居性的边际效益呈现出递减趋势。

相对应的，城市居民对于良好的生活环境和城市风貌的需求不断增强。绿色生态建设打造出自然与人工交织的山水景观，提升城市的风貌；宜人的生活环境和完善的市政基础设施能够提升城市的宜居性，改善居民的生存环境，提高居民的健康水平，提升居民的幸福感。

3. 创新集聚价值

创新集聚价值表现为区域创新能力的提升、产业结构的优化和高新技术产业的聚集。绿色生态建设所带来的生态环境提升能够吸引高层次人才和高新技术企业的入驻，显著地提升区域的创新能力。而相互关联的企业在空间上的聚集，能够形成有效的市场竞争，构建专业化的生产要素优化集聚地，形成区域集聚效应，进一步推动区域经济的发展。

创新集聚价值的衍生体现在城市发展建设中，面对资源、环境的双重约束，必须转变发展方式，提升区域的创新能力，调整产业布局，优化产业结构，实现区域的协调发展。区域创新能力的提升将会助力区域协调发展，推动产业结构升级和优化产业布局，形成城市空间、能源、资源的集约利用，从而促进城市内涵不断提升，城市发展绿色化、智慧化。

二、保护生态环境就是保护生产力

党的十八大以来，习近平总书记在多个场合反复强调："要正确处理好经济发展同生态环境保护的关系，牢固树立保护生态环境就是保护生产力、改善生态环境就是发展生产力的理念。"这一重要论述不仅从全局和战略的高度为我国经济社会可持续发展提出了新的要求，是全党和全国人民建设美丽中国、实现中华民族伟大复兴中国梦的行动指南，而且从思想和理论的高度深刻揭示了生态环境与生产力的关系，是对生产力理论的重大发展。

(一) 传承和发展了"自然生产力也是生产力"的马克思主义观点

习近平总书记关于"保护生态环境就是保护生产力、改善生态环境就是发展生产力"的论述对生产力理论的重大发展，首先体现在该论述蕴含的"生态环境生产力也是生产力"的思想，传承和发展了"自然生产力也是生产力"的马克思主义观点。

众所周知，地球表面是人类活动的场所，这里存在着人类生活的两个高度相关的世界，一个是由社会圈、技术圈和智慧圈组成的人类社会，一个是由岩石圈、大气圈、水圈和生物圈组成的自然界。根据马克思主义生产力理论，在人类生活的这两个世界中，同时存在着社会物质生产过程和自然物质生产过程，并相应存在着推动这两种物质生产过程的社会生产力和自然生产力。也就是说，生产力是社会生产力和自然生产力相互作用的统一体，它不仅仅指社会生产力，还包括自然生产力。正如马克思曾经指出的：在人类社会发展的任何一个水平上，社会物质生产过程不仅包括人的生产活动，而且包括自然界本身的生产力。简言之，自然生产力也是生产力。

作为马克思主义理论创始人的马克思把自然生产力也视为生产力，是有充分科学根据的。这是因为：社会物质生产和再生产来源于社会物质生产力和自然物质生产力的结合，如果没有自然物质生产力，社会物质生产和再生产就无从谈起；社会物质生产和再生产的过程包括自然物质生产和再生产的过程，甚至在社会物质生产中的人类劳动的间歇期间，作为自然物质生产的物理过程、化学过程和生物过程等过程仍在发生作用；在社会物质生产过程以外，自然物质生产过程提供的物质产品在满足人类需要方面具有同人类劳动产品一样的价值。

令人遗憾的是，长期以来"自然生产力也是生产力"这一马克思主义的重要观点并没有引起人们的应有重视。在传统主流经济学的语境中，往往只承认人的劳动产品的价值，不承认自然界即自然生态系统为人类提供生产生活资料等生态产品与服务的价值，因而只承认社会物质生产和社会生产力，不承认自然物质生产和自然生产力。在这种理论的影响下，人们一方面将地球生态系统为人类提供的各种自然资源视为无价和无限，另一方面又认为自然环境的自我调节和自净能力是无限的，其承载和接纳人类生产生活废弃物的能力和容量也是无限的，从而不断加剧对自然资源的掠夺和无节制地向自然环境排放废弃物，结果造成资源耗竭、环境污染、生态退化等一系列生态和环境问题，乃至出现全球性的生态和环境危机。

正是在全球性生态和环境危机日益突显的大背景下，习近平总书记适时提出"保护生态环境就是保护生产力，改善生态环境就是发展生产力"的科学论述，不仅使人们看到了人类在推动经济社会发展的同时保护和改善生态环境、遏制全球性生态和环境危机的新的希望，还使人们透过该论述蕴含的"生态环境生产力也是生产力"的深刻思想看到了"自然生产力也是生产力"这一马克思主义观点的真理之光。

这是因为，从现代生态学的视角看，马克思所说的"自然界本身的生产力"就是

"自然生态系统的生产力",也可以简称为"生态生产力",这在生态学理论日趋成熟的今天已经成为人们的共识。只是在马克思所处的那个年代生态学还没有诞生,因而在马克思的著作中还没有出现"生态系统"或"生态"的用语。而习近平总书记所说的"生态环境"即生态与环境,是包含了人类赖以生存、从事生产和生活的地球表面的各类生态系统及其环境、资源在内的所有外部条件的,正是生态学语境中"自然生态系统"的应有之义。习近平总书记论述中蕴含的"生态环境生产力也是生产力"的思想即是"生态生产力也是生产力",它同马克思提出的"自然生产力也是生产力"的科学含义在本质上是一样的。只是习近平总书记在人类面临全球性生态和环境危机的今天所揭示的"生态环境生产力也是生产力"的深刻思想,比马克思当年提出的"自然生产力也是生产力"的观点更具当今时代的特色,更具现实指导意义。正是从这个意义上,习近平总书记的科学论述传承和发展了"自然生产力也是生产力"的马克思主义观点。

(二) 深化和丰富了"生产力"概念的内涵

习近平总书记关于"保护生态环境就是保护生产力、改善生态环境就是发展生产力"的论述对生产力理论的重大发展,也体现在该论述蕴含的"保护和改善生态环境的能力也是生产力"的思想,深化和丰富了"生产力"概念的内涵。

长期以来主流经济学界一直把生产力定义为"人类认识自然、利用自然、改造自然,从自然界获得物质资料的力量"或"人类利用自然、改造自然的力量"。据此,人们通常把生产力归结为人对自然界的关系,并在此基础上强调人类改造自然、征服自然、战胜自然的力量。事实上,自工业革命以来,在整个工业文明阶段,人们都是这样理解"生产力"概念的涵义的。

基于对"生产力"概念的这种理解,人们一直将自己置身于自然界之外,甚至凌驾于自然界之上,把自然当成异己的力量,把发展生产力作为人类向大自然索取的单向活动,而无视大自然向人类提供各种产品与服务功能的意义。其结果,是人类经济社会的发展取得了日新月异的巨大成就,人们的物质文化生活水平也得到极大提高,但是自然生态系统却遭受到日益严重的破坏,造成各类矿产资源、水资源和土地资源耗竭,森林与湿地面积锐减,水土流失严重、土地荒漠化和石漠化加剧,空气、水和土壤严重污染,生物多样性日益减少,酸雨危害加重,臭氧层破坏和损耗,全球温室气体增加导致气候变暖等一系列愈演愈烈的生态与环境问题,严重影响了人类经济社会的可持续发展和人们物质文化生活质量的可持续提高,乃至直接影响到人类自身的健康。事实证明,这种对"生产力"概念的传统定义在实际上是不可行的,也是不可持续的。

从哲学的观点看,这种对"生产力"概念的传统定义也是不符合马克思主义唯物辩证法的对立统一规律的。这是因为:首先,既然生产力表现人对自然的关系,它就不仅存在人与自然对立的一面,而且存在人与自然统一的一面,即:一方面是人对自然界的利用和改造,另一方面又在利用和改造自然的同时保护和改善自然,通过人对自然的调节达到人与自然的和谐,使自然界更适合于人类的生存和发展,更好地满足人类生产与生活的需要。其次,生产力作为人的主体能动性的主要表现是通过人和自然之间的物质、能量和自然环境。因此，运用马克思主义唯物辩证法的对立统一规律全面、完整地理解生产力概念的科学内涵，应该是"人类利用自然、改造自然、保护自然、改善自然，从自然界永续获得物质资料的力量"。

基于生态学语境中"自然界即自然生态系统"的认知和"生态环境"即"自然生态系统"的理解，"保护和改善自然的力量也是生产力"的思想，与"保护和改善生态环境的力量也是生产力"的重要观点，其涵义是完全一样的。"保护和改善生态环境的力量也是生产力"的观点在很大程度上也体现了人类对自身面临的全球性生态和环境危机的觉醒及正确应对危机的态度。正如《斯德哥尔摩人类环境宣言》指出的："现在已达到历史上这样一个时刻：我们在决定世界各地的行动的时候，必须更加审慎地考虑它们对环境产生的后果。由于无知或不关心，我们可能给我们的生活和幸福所依靠的地球造成巨大的无法挽回的损害。""保护和改善人类环境是关系到全世界各国人民的幸福和经济发展的重要问题；也是全世界各国人民的迫切希望和各国政府的责任。"

总之，习近平总书记的论述不仅对我国经济社会发展具有重要指导意义，也是顺应"保护和改善人类环境"的世界潮流对全人类做出的重大贡献。人们有理由相信，在人类面临全球性生态和环境危机的今天，这一重要观点的提出对于推动人类经济社会的可持续发展所具有的重大理论与实践意义，必将随着时间的推移日益凸显出来。

（三）强化和提升了人们对生态环境与生产力关系的认识

习近平总书记关于"保护生态环境就是保护生产力、改善生态环境就是发展生产力"的论述对生产力理论的重大发展，还体现在该论述蕴含的"生态环境也是生产力的重要因素"的思想，强化和提升了人们对生态环境与生产力关系的认识。

"人类在生产过程中把自然物改造成为适合自己需要的物质资料的力量，包括具有一定知识、经验和技能的劳动者，以生产工具为主的劳动资料，以及劳动对象。其中劳动者是首要的能动的因素。"这是主流经济学对生产力概念的经典表述。长期以来，尽管人们对生产力概念的涵义进行过许多有意义的探索，包括提出"科学技术是第一生产力"的科学论断，为人们深刻理解生产力的科学涵义提供了新的视角，但是对于生态环境与生产力之间的关系却少见有人提及。正因为如此，人们在发展生产力的同时往往把生态环境的因素抛之脑后，特别是有些地方、有些领域以无节制消耗资源、污染环境、破坏生态为代价换取经济发展，导致能源资源、生态环境问题越来越突出。正如习近平总书记指出的："我们在生态环境方面欠账太多了，如果不从现在起就把这项工作抓起来，将来会付出更大的代价。"

正是在这种生态环境因素被严重忽略并直接影响我国经济社会可持续发展的严峻形势下，习近平总书记提出"保护生态环境就是保护生产力，改善生态环境就是改善生产力"的科学论断，揭示出生态环境与生产力之间的正确关系，其中蕴含的"生态环境也是生产力的重要因素"的深刻思想，更使我们懂得了生态环境所涉及的方方面面无不与生产力密切相关。首先，良好的生态环境是作为生产力第一要素的劳动者生存生活的前提条件。这是因为，根据人类生态学原理，人类的生存生活依赖于自然生态系统功能的持续发挥，以保证能源和养料的供应为前提。正如马克思所言:"一切人类生存的第一个前提……就是:人们为了能够'创造历史',必须能够生活,但是为了能够生活,首先就需要衣、食、住以及其他东西。"而这里所说的"衣、食、住以及其他东西"无一不是来自于良好的生态环境,就是"良好的生态环境是最公平的公共产品,是最普惠的民生福祉",它对于每个人都同样起作用。如果没有良好的生态环境,譬如没有清新的空气、洁净的饮用水和健康的食物,劳动者的生存生活都将成为问题,更谈何发展社会生产力?其次,作为人类劳动对象的生态环境状况是决定生产力发展的重要因素。这是因为,作为劳动对象的物质资源,不管是土地资源、矿产资源、水资源,还是以森林为主体的生物资源,无一不是来自于自然生态系统,即来自于生态环境。生态环境的状况如何将直接影响和决定生产力的发展。其中,全球的资源总量和全球生态系统的总承载力将决定全球生产力发展的极限;不同区域的资源总量和生态系统承载力将决定不同区域生产力发展的规模和速度;不同区域所处生态空间、拥有资源品种及其数量的不同将决定不同区域生产力发展的结构和布局,如此等等。第三,生态环境状况还是影响以劳动工具为主的劳动资料发挥作用的重要因素。这是因为,任何劳动资源只有在适宜的条件下才能发挥应有的作用,一旦缺乏这种适宜的条件,就将导致其作用的失灵。人们熟知的异常气象灾害导致相关区域某些劳动资料作用的失灵就集中反映了这一点。譬如 2008 年初我国南方一些省区的冻灾,不仅导致高速公路严重冰冻、汽车无法开动、交通陷于瘫痪,还导致电力和通讯线路严重损毁、电力机车无法使用、工厂设备无法运转、居民生活用电中断和部分通讯中断;2009 年我国华北、黄淮、西北、江淮等地 15 个省市遭遇连续 3 个多月的严重干旱,不仅造成冬小麦告急、大小牲畜告急、农民生产生活告急,还造成城市工业生产和城市居民生活用水等诸多方面的全面告急。

习近平总书记关于"保护生态环境就是保护生产力、改善生态环境就是发展生产力"的论述,不仅以"生态环境生产力也是生产力"的思想传承和发展了"自然生产力也是生产力"的马克思主义观点,还以"保护和改善生态环境的能力也是生产力"的思想深化和丰富了"生产力"概念的内涵,并以"生态环境也是生产力的重要因素"的思想强化和提升了人们对生态环境与生产力关系的认识。这对于主流经济学生产力理论的发展无疑是一个重大的突破,对于正确处理经济发展同生态环境保护的关系更具有十分重大的现实指导意义。

第二节 生态产业

随着经济的不断发展,各种环境问题涌现,让人们不得不重视环保方面的问题。经济发展不应该以牺牲环境为代价,经济发展的同时也要考虑环境的状态,正如习近平总书记所说"宁要绿水青山,不要金山银山""绿水青山就是金山银山"。党的十九大报告强调绿色发展,保护生态环境,实现人与自然和谐共生。而欠发达地区存在着经济发展方式粗放,环境治理不到位,产业结构不合理等问题,推动产业结构优化升级迫在眉睫。因此,发展生态产业是实现生产要素集聚，提升产业基础能力，完善产业链，改善生态环境的必然选择。

一、生态产业发展历程

绿色生态理念的战略，自古有之。从天人合力和传统农耕经济到现代化绿色生态农业，都饱含着绿色生态产业发展的理念和缩影。主要分为三个阶段：

（一）绿色生态理念萌芽阶段

中华民族自古就重视生态，无论是生产还是生活，都强调天人合一、协调发展。在百家争鸣的春秋战国时代，已经有了比较完备的生态理念萌芽，对农耕文化、居住文化、道德文化都有关于生态这一概念的论述，为人类文明留下了大量理论和实践财富。例如，作为道家思想的鼻祖、古代辩证法的哲学大师，老子对于人与自然的关系则提出"见素抱朴""回归自然"的思想，倡导"道法自然""无为顺天"的发展理念，认为人不应违背"道"这一客观规律的"自然而然"的自然属性，提出人们的活动要适应自然、无为而治，以休养生息的状态发展农业，达到天人合一的境界。就这样，几千年来，中华民族在"天人合一"思想的指引下，加快推进经济社会发展，形成了人与自然关系的终极大同的最高境界。这种思想理念，为国家经济社会发展提供了源源不断的智力支撑和精神动力，可以促进人类生产方式的转变，为实现绿色经济发展提供了坚强的思想支持。

（二）改革开放以来的发展阶段

1949年新中国成立后，长期以来国家经济社会处于恢复发展的阶段，那时的经济发展是粗放型、成长型的，没有过多地讲环境保护，就是纯粹的提高生产力，促进经济增长。直到改革开放以后，随着工业经济的飞速发展，人与自然、资源的矛盾进一步加剧，各种环境问题、污染问题随之产生，国家开始意识到必须要保护环境了，因此绿色生态战略开始出现在国家顶层设计之中。

（三）生态文明建设阶段

2012年，生态文明建设已经是"五位一体"总体布局的重要组成部分。党的十八大在总结生态文明建设和环境保护工作的基础上，对生态文明战略进行再认识、再深化，明确提出"创新发展、协调发展、绿色发展、开放发展、共享发展的五大发展理念"，这不仅丰富和发展了中国特色社会主义理论体系，还将生态文明建设推动到常态化、制度化的层面，成为各级党委、政府必须考虑和执行的重要战略方针。2017年10月，党的十九大胜利闭幕，以习近平同志为核心的党中央高度重视生态文明建设，把绿色生态战略作为中华民族永续发展的千年大计，强调不但要保护生态环境、留住青山绿水，还要发展绿色经济，向绿水青山要"生态红利"。这些战略思想表明，绿色生态产业发展进入了新的阶段，迎来了黄金发展时期。

二、以绿色发展为指导推进生态产业发展

经过了漫长的渔猎文明时代，大约在一万年以前，原始农业诞生，标志着农业文明时

代的到来。200年前的工业革命使人类进入现代社会。工业代替农业成为社会中心产业，人类进入现代工业文明时代。同时工业革命促使用工业技术改造农业和装备农业，使农业发展走向现代农业，它的主要特点是农业技术工业化和农业产品商品化。农业耕作机械化、电气化、水利化和化学化首先在发达国家完成。并形成了所谓的"石油农业"，即以大量使用化肥、农药（以石油为原料生产）和使用农业机械（以石油驱动）为特征的农业。传统农业的发展导致了诸如植被的破坏、水土流失、地力衰减等不良后果；现代农业的高投入、高成本、高污染和生产专业化与集约化的特点，一方面，导致了土地污染、板结、质量退化等严重问题；另一方面，种植的单一化，减少了物种多样性，从而削弱了农业的自然调节，且降低了农产品的安全性与营养性。

显然以上的农业产业、工业产业与消费方式的发展是不可持续的，因为它们破坏了人类赖以生存的资源环境基础，可以说是人类自掘坟墓。因此，寻找一种既发展经济又保护资源环境的人地协调发展的产业模式就成为当务之急，于是生态产业便应运而生。

工业革命大大地促进了社会生产力的发展，同时也造成了前所未有的生态环境问题。如20世纪中叶发生的一系列公害事件，80年代发生的苏联切尔诺贝利核电站爆炸和印度博帕尔市农药厂泄露等事件，更有酸雨、臭氧层缺失、全球增暖等全球性问题。

社会生产是为市场而生产，为了刺激市场发展，采取一种高消费、超前消费与高淘汰、高报废的生活方式，形成一种从原材料—生产—消费—废物的线性过程，造成资源过度消耗、废弃物的过量堆积，从而产生严重的环境污染问题。

（一）生态产业的涵义

生态产业简称ECO，ECO是eco-industry的缩写，是指按生态经济原理和知识经济规律组织起来的基于生态系统承载能力，具有高效的生态过程及和谐的生态功能的集团型产业。不同于传统产业的是，生态产业将生产、流通、消费、回收、环境保护及能力建设纵向结合，将不同行业的生产工艺横向耦合，将生产基地与周边环境纳入整个生态系统统一管理，谋求资源的高效利用和有害废弃物向系统外的零排放。以企业的社会服务功能而不是产品或利润为生产目标，谋求工艺流程和产品结构的多样化，增加而不是减少就业机会，有灵敏的内外信息网络和专家网络，能适应市场及环境变化随时改变生产工艺和产品结构。工人不再是机器的奴隶，而是一专多能的产业过程的自觉设计者和调控者。企业发展的多样性与优势度，开放度与自主度，力度与柔度，速度与稳度达到有机的结合，污染负效益变为资源正效益。生产产业建设需要在技术、体制和文化领域开展一场深刻的革命。

生态产业实质上是生态工程在各产业中的应用，从而形成生态农业、生态工业、生态三产业等生态产业体系。生态工程是为了人类社会和自然双双受益，着眼于生态系统，特别是社会—经济—自然复合生态系统的可持续发展能力的整合工程技术。促进人与自然和谐，经济与环境协调发展，从追求一维的经济增长或自然保护，走向富裕（经济与生态资产的增长与积累）、健康（人的身心健康及生态系统服务功能与代谢过程的健康）、文明（物质、精神和生态文明）三位一体的复合生态繁荣。

生态产业是按生态经济原理和知识经济规律组织起来的基于生态系统承载力、具有高效的经济过程及和谐的生态功能的网络型进化型产业。它通过两个或两个以上的生产体系或环节之间的系统耦合，使物质、能量能多次利用、高效产出，资源环境能系统开发、持续利用。企业发展的多样性与优势度，开放度与自主度，力度与柔度，速度与稳定度达到有机结合，污染负效应变为正效益。与传统产业相比较，具有显著特征。

由此可见，"生态产业"就是指在保护环境或不破坏环境的条件下各种产业发展的集合。从微观的层面来讲是不对环境、居住和生活产生破坏作用，且有益于环境修复、人类健康及生活和谐的产业。如环保、绿色建筑、绿色食品、信息化等产业；从中观层面来讲，是通过产业与产业融合的方式，形成循环经济体，既不对环境、居住和生活的破坏，也不造成产能的浪费。如智慧园区、海绵城市等；从宏观层面来讲，是产业、城市、生活的相互融合，即产业推动环境优美，环境促成文化繁盛，文化促进生活富足，即通过产业的选择形成"居者有其业、居者有其屋、居者有其美、居者有其承"的生态城镇模式，如共享社区、智慧城市等。

（二）相关理论概述

1. 生态经济学理论

生态经济学是在已有理论的基础上，融合生态学的发展规律，以生态环境承载力不足为前提，寻找各种经济问题之间的最优解，从而达到生态环境保护与经济发展和谐共生的局面，从而形成以经济学为基础，生态学为方向指引的学科。经济学家罗伯特·科斯坦萨以生态环境约束经济系统为假设前提，认为生态经济学主要研究的是两大系统之间的协调发展问题，即生态系统与经济系统如何相互耦合发展。肯尼斯·鲍尔丁认为生态系统和经济系统相互作用，相互耦合。其在《一门学科——生态经济学》中探究生态经济系统的运行机制，即生态系统为经济的发展提供必要的生产要素支撑以及对工业废弃物的净化吸收，而经济系统的不断增长会反哺于生态系统，改善生态环境，因此提出生态经济协调发展理论。

生态经济学的核心思想是要认识到生态系统与经济系统的本质关系，可以认为经济系统是生态系统的子系统。主要研究内容为生态系统稳定性与经济系统增长性之间的平衡。因此，生态经济学最主要的研究方向是以生态环境承载力不足为前提，运用生态学发展规律，实现经济、社会、环境的耦合发展。

2. 循环经济理论

循环经济不同于生态经济对于生态系统和经济系统的研究，是在充分考虑环境保护、经济发展、资源可持续利用三者的基础上，形成的对于能流和物流进行闭环式、循环化的生态经济循环系统，循环经济的产生有两个重要思想理论指导。第一，生态系统的自组织和自循环理论，即自然界生态系统通过生物种群之间的物质和能量循环保持周而复始，循环不息。第二，宇宙飞船循环利用技术理论，通过技术应用，提高对再生资源的循环使用，获得更长久的飞行周期，人类如果继续无节制开发自然资源，超过地球生态环境承载力，就会像宇宙飞船一样，走向灭亡。杨雪锋在《循环经济运行机制研究》一文中认为循环经济的运行机制是参考生态自然系统的运作规律，通过嵌入生态学技术，保持经济增长与生态环境的稳定平衡关系；在封闭系统内实现对物流和能流的闭路循环利用，从而达到资源的可持续利用。

3. 产业生态学理论

产业生态学理论是最早提出关于解决经济发展与资源环境协调一致的系统理论。马克思在《资本论》《经济学批判大纲》中通过对传统工业生产关系的批判，最早萌生生态经济思想，可以看成是产业生态化理论的萌芽阶段。例如，在书中提到"物质代谢""循环"等词汇，并对这些词汇的应用领域做出归类；将"物质代谢"应用于人类社会，将"循环"应用于工业领域，这些都可以看出产业生态化思想的诞生。国际产业生态学会认为产业生态学理论的初步形成是在1989年罗伯特·福罗什等发表的《制造业的策略》一文中，其通过研究得出有利于提高企业生产效率的发展模式，提倡各部门统一组织协调，将各个生产程序连接起来，就是工业生态系统。1991年，《产业生态学》这一著作在耶鲁大学出版发行，文中指出"产业生态学的定义是从产业生态系统角度出发，研究产业生产活动及其产品与环境之间相互关系的学科"。

产业生态学诞生的初衷是为了研究产业发展与自然生态系统和谐共生的问题，既能保证产业发展效益最大化，也能使得自然生态系统在稳定的状态下运行。产业生态学理论的核心是构建一个人与生态和谐共存的生态系统，运用生态学发展规律，设计一个由原材料到产品，再到可回收资源的物流循环系统，降低废弃物的排放，提高物质的利用效率，达到生态保护与经济的协调发展。

4. 可持续发展理论

1987年，世界环境与发展委员会在《我们共同的未来》报告中指出人类应该具备忧患意识，认识到自然资源的不可再生性、稀缺性，提高环境保护意识，合理的开采自然资源，实现人类永续生存，明确阐述了可持续发展的概念。可持续发展理论注重经济、社会、环境三者间的协同效应，认为它们是一个密不可分的系统，既要实现经济高质量发展，也要不断提高环境承载力，使得人类社会与自然系统永续共存。

可持续发展理论愿景不仅是让当下人类享受经济发展成果，也要让后代人类享受美好的生态环境和充足的自然资源。其主要包括以下三个特征：第一，可持续发展的友好性，强调人类应该与自然和谐相处，这是从人与自然关系之间的角度出发，认识人与自然之间的和谐。第二，可持续发展的公平性，这是从人与人之间关系出发看待现有经济发展，在实现社会发展的过程中不仅要实现当代人之间发展的公平、公正，还要实现与后代子孙之间的公平。不能够以牺牲未来的资源环境为代价提高当代人的生活水平，也要考虑到后代人享有的发展环境。第三，可持续发展的持续性，这是从当下与未来的关系角度出发，必须认识到自然生态系统的自然资源提供能力和生态环境承载力是有限的，这就要求人们发展经济必须处理好当下与未来的关系。

5. 产业价值链理论

目前，西方学术界对产业价值链高端化的研究专注于产业升级方面，产业由低级向高级发展，产品技术含量不断提高，产品价值不断增加。国内学者对于产业价值链高端化的研究更丰富，可分为两个部分：一种是延续国外研究视角，从如何提升产业价值链水平外因出发，发展先进产业，带动整体产业的技术进步，提高产业基础能力和水平。另一种是从内因出发，认为产业价值链高端化是产业自身在市场机制的调节下不断自我改善的过程，是在实际不断进步的前提下，逐步提升产业链基础能力，增加生产效率，从而提高产品竞争力。

（三）生态产业与传统产业

1. 生态产业与传统产业的不同

（1）基本内涵不同

传统产业是以营利为导向，追求利润最大化，通过生产要素的不断投入，实现规模经济，忽视了对环境的保护。与之不同，生态产业聚焦于社会服务效应最大化，通过应用新的科研成果和新技术的发明，实现生产流程和产品结构的多元化。生态产业是指在充分整合利用产业生态学理论基础之上，立足自身地理区域位置，结合自身优势，在已有产业优势的基础上，从横向和纵向两个维度，实现对传统产业的优化升级。

（2）发展模式不同

基于自然环境保护方面，传统产业是以盈利为导向，产业结构和发展路径比较单一，对工业废弃物多采取末端治理模式，造成资源利用率低以及环境的污染破坏。生态产业更注重强调在产品生产初期实行污染防治措施，减少对生态环境的污染破坏，通过现代化技术应用，建立资源循环利用系统，实现能流和物流在不同产业链条之间的流动，达到经济发展和生态效益的和谐统一。

基于循环经济理论，生态产业应以循环经济示范园区为依托，借鉴模拟自然生态系统运行机制，通过规划分类不同产业属性，构建产业生态系统。建立不同产业链和不同生产流程之间的纵向与横向共生，优化物质和能量的消费，实现资源最优配置，减少废弃物排放。

基于发展模式，传统产业与生态产业两者之间最主要的不同在于传统产业发展模式为"资源—产品—污染排放"，生态产业坚持循环理念，实行"资源—产品—再生资源"的循环经济模式。

（3）发展理念不同

传统产业是从人与自然角度出发，不断探索人与自然的关系，在工业初级阶段，人与自然的关系主要是以改造自然为主，以人为中心，生态环境遭到破坏。在生产技术不断进步的背景下，人们的认知也在不断深化，注重人与自然的平衡，从改造自然到和谐共生。

生态产业是在认识自然的基础上，注重生态系统的稳定性，从人与人的角度出发，探索社会系统和生态系统的平衡发展。从传统产业到生态产业，既是对环境保护的必然要求,也是技术进步的结果。从发展理念的转变可归结为:从最初"先发展,后治理"到"人与自然和谐发展",坚持发挥青山绿水优势的绿色发展理念。

以上内容更多是从宏观层面探讨生态产业与传统产业的差异,主要包括基本内涵、发展模式、发展理念等。因此,参考已有研究成果,从微观层面探讨生态产业与传统产业的区别。具体可归结为以下三个方面:第一,经济方面,传统产业注重规模化、利润化;生态产业注重经济、社会、生态三者之间的统一协调。第二,生态环境层面,传统产业资源利用率低,对污染更多采取末端控制;生态产业注重资源的可持续利用,对污染采取源头控制和过程控制,对生态环境影响弱。第三,社会层面,传统产业以链式、线性、刚性特征为主,不利于资源的整合利用;生态产业强调生产网状化、开放性、适应性,能够充分组织协调社会资源,实现多部门协调发展。

2. 生态产业与传统产业的联系

生态产业的发展正是通过对传统产业不断改造升级,提高产业基础能力,培育新兴产业,走绿色发展道路,培育新的经济增长极。发展生态产业并不是要与传统产业完全隔离,而是需要依靠传统产业前期积累的资金技术,就像新事物的发展并不是完全推翻旧事物,也会遇到旧事物的阻挠。生态产业的发展前期和传统产业在市场拓展以及品牌培育等方面存在竞争,只有不断进行协同融合,构建上下游产业链,才会相互促进,形成耦合发展。

总而言之,传统产业为生态产业的发展提供基础保障,生态产业发展在市场优胜劣汰法则下完成对传统产业的改造升级。同时,政府在产业转型升级中发挥着政策引导、鼓励创新的作用,牢牢树立"绿水青山就是金山银山"理论和新时代生态文明建设的绿色发展观,构建资源循环利用的完整系统,进而推动生态产业发展。

3. 生态产业与生态产业体系

(1) 生态产业

生态产业在基本内涵、发展模式、发展理念与传统产业存在不同。生态产业是基于生产技术的进步以及经济发展理念转变的背景下,以绿色发展理念为指导,以创新驱动为支撑,注重经济、环境和社会的和谐统一,最终推动经济高质量发展的产业。生态产业发展具体包含以下两个方面:第一,传统产业发展模式与高质量经济发展要求不匹配,不能满足消费者日益增长的消费需求。第二,技术的不断进步推动产业生产方式的调整,提高资源利用效率,为实现不同产业间的相互配合,生产方式的多样性,开放性提供保障。

(2) 生态产业体系

生态产业体系从宏观层面分析,以人与自然和谐发展为指导思想,以经济系统和生态系统为基础,以能流和物流为保障,实现经济绿色发展。从微观层面分析,生态产业体系以保护生态环境为目的,通过组织协调各个生态产业之间分工合作,建立完整的产业链,实现资源利用最大化。把生态产业体系分为基础生态产业、传统生态产业、支柱生态产业、新兴生态产业四个层级,不同产业层级包含具体生态产业;各个产业层级相互配合,不同生态产业在生产过程中通过能流和物流的连接,形成开放式的网状结构,从而实现经济效益最大化。

(四) 生态产业发展的现实意义

1. 是对习近平总书记关于生态文明建设新思想新观点的积极实践

习近平总书记指出:"绿水青山就是金山银山""冰天雪地也是金山银山""良好生态环境是最公平的公共产品,是最普惠的民生福祉""保护生态环境就是保护生产力、改善生态环境就是发展生产力"等。习近平总书记关于生态问题的一系列讲话,就是告诫我们,经济社会发展必须以"绿色"当头,产业的发展必须以"生态"为先。

2. 是践行"供给侧结构改革"的必然需求

2017年3月7日,习近平总书记在参加辽宁代表团审议时曾经指出:供给侧结构性改革是辽宁振兴必由之路。要抓住主要矛盾,明确主攻方向,推进辽宁供给侧结构性改革继续取得新进展,下决心振兴辽宁工业,再创辽宁工业辉煌。所以,推进城市转型,加快"生态产业"建设,实现"生态产业"的新突破,都是贯彻落实习近平总书记"供给侧结构"改革的具体展现。

3. 是贯彻"绿色发展"理念的具体表现

生态产业的发展必须以绿色发展为指导是由绿色发展的本质特征所决定的。绿色发展强调"科技含量高、资源消耗低、环境污染少的生产方式",强调"勤俭节约、绿色低碳、文明健康的消费生活方式"。本质要求就是:要将经济发展与环境资源保护二者相结合,并且把"绿色"置于"发展"的前面与全过程。实现"绿色"发展,就要加速推进绿色生产方式;实现"绿色"发展,就是要促进绿色生活方式。绿色发展作为新的发展理念、新的发展方式具有以下三个方面的特征:①发展的战略性;②发展的紧迫性;③发展的实践性。而"生态产业"是指在保护环境或不破坏环境的条件下各种产业发展的集合。所以,"绿色发展"是"生态产业"发展的前提,"生态产业"的发展是"绿色发展"的具体展现。

(五) 生态产业发展的关键

生态产业的发展是在研究人与自然之间和谐相处之下推动全世界良性思考的变革,生态产业发展的重要因素主要涵盖三个方面:理念发展、技术发展以及坚持到底的恒心。其中理念指的是指导精神,生态产业发展是以超前的眼光对生态环境、子孙后代负责的重要认识,对于生态产业发展的宣传是理念传播的重要途径,只有人们在意识到并且主动参与、实践才能够得到正确的发展以及完成理念的塑造。生态产业的发展需要技术条件的支持,生态产业最显著的特点就是利用现代高科技充分保证资源的利用程度以及最大化地降低成本,推动人类社会的发展朝着更加科学生态化的方向发展,因此生态产业的发展需要大量的经济投入,从人才的培养以及项目技术的研究入手,促进生态产业更加先进的发展。在生态产业发展的过程中,需要持之以恒的耐心以及先进的科技规划,引导人们不能只顾住眼前的利益而忽视长远的利益。生态产业发展的过程中需要大量的经济投入以及技术投入,而且一次两次的研究未必能够达到效果以及满足人类的需要,所以需要打通各个环节，构建绿色产业链实现经济发展，只有在不断地探究下发研究技术发展新的知识，再配上坚持不懈的耐心完成生态产业的发展。

1. 绿色产业的培养

绿色产业中低碳以及形成规模是其表现形式之一，目前我们国家的环保产业发展良好，但是同国外的发达国家相比还处于成长阶段。我们国家的企业方面规模小、数量多的情况也是导致目前的绿色产业处于被动的主要原因，环保产业处于技术含量低且难以形成规模的状态，如果由国家以及地方政府牵引发展将会大大提高环保产业发展的效率。所以实现绿色产业技术的研究是关键，要研究出新的节能设备以及产品，提高资源的利用水平，推进市场化绿色产业的技术创新，从而提高竞争力与创新力。

2. 信息技术的投入

为了投入新一代信息技术的发展，电子信息产品生产逐渐绿色化，目前我国正在加速投入"宽带中国"的项目，推进新的移动通信以及互联网智能终端的发展，积极推进大数据产业的战略性发展，对于互联网终端以及高端软件服务器等方面持续投入发展，让更多的基础产业处于持续性的发展中，为生态产业发展投入更多的技术支持。

3. 生物产业的发展

我们国家的生物发展水平与国外发达国家水平差距不是很大，但是很难形成产业化。根据实际的调查显示我们国家的很多研究产值已经表现出上升趋势，但是很多企业使用的生物种子依旧处于很传统的模式，也就意味着我们国家并不缺乏创新人才以及技术人才，但是生物产业需要朝着产业化的方向发展。研究生物方面的发展对于生态产业的发展有很重要的意义，因此对于这个方面需要加大投入力度。

4. 高端设备技术以及新材料产业

目前我国很多高端设备仍旧需要进口，且在发展中矛盾突出，因此需要大力发展高端制造设备调整产业结构以及减少对外国进口产品的依赖是目前产业发展中需要改进的部分。根据我们国家在航空航天、轨道交通以及风能新型能源的研究上看，这类产业的发展对高端技术产业的发展有很明显的推动作用，而且高端技术产业不管是国内还是国外的关注程度都非常高，也就意味着不管是发展空间还是投入方面，都具备很好的空间。对于新材料的研究虽然迫在眉睫，但是我们国家的产业竞争力极度薄弱，核心材料对外国的依赖程度非常高。以此要积极研究新的复合型材料以及发展新型结构材料，才能更好地迎合生态产业结构发发展。生态产业的发展需要高端设备的支持以及新材料产业作为支撑，实现绿色产业发展。

5. 新能源产业

风能、水能、核能、天然气、太阳能等的使用导致传统能源的使用程度减少，随着我国的经济处于调整、转型、升级阶段，也就需要解决传统产业发展中出现的工作问题。传统能源使用中出现的问题有传统能源使用过剩、可再生能源发展瓶颈、能源系统缺乏整体性。随着研究的不断深入以及投资力度的加大，也取得显著的效果以及很明显的发展成果，意味着只要及时地解决出现的各种问题，发展的前景仍旧是良好的。以发展良好的新能源汽车产业为例，我国的新能源汽车产业在政府支持下，新能源汽车逐渐从设想变成了现实，产品日渐丰富，需求不断升级，消费市场以及投资市场非常宽广，这不仅仅是生态产业发展中比较成功的例子，也是产业发展中需要借鉴的重要方向。

第七章
低碳生活　共创文明绿色新风尚

第一节　碳达峰与碳中和

气候变化是人类面临的全球性问题，随着二氧化碳排放量的不断增长，全球变暖而导致海洋气候变化无常，对生命系统形成威胁。在这一背景下，世界各国以全球协约的方式减排温室气体。中国作为"世界工厂"，产业链日渐完善，国产制造加工能力与日俱增，同时碳排放量加速攀升，因此，发展低碳经济，重塑能源体系具有重要安全意义。近年来，中国积极参与国际社会碳减排，主动顺应全球绿色低碳发展潮流，积极布局碳中和，已具备实现碳中和条件，由此，中国提出碳达峰和碳中和目标。

一、碳达峰与碳中和的提出

（一）碳达峰与碳中和的内涵

中国于 2020 年 9 月 22 日在第七十五届联合国大会上向世界宣布了 2030 年前实现碳达峰、2060 年前实现碳中和的目标。碳达峰就是二氧化碳的排放不再增长，达到峰值之后逐步降低；碳中和是指企业、团体或个人测算在一定时间内直接或间接产生的温室气体排放总量，然后通过植树造林、节能减排等形式，抵消自身产生的二氧化碳排放量，实现二氧化碳"零排放"。

具体来看，到 2025 年，绿色低碳循环发展的经济体系初步形成，重点行业能源利用效率大幅提升。单位国内生产总值能耗比 2020 年下降 13.5%；单位国内生产总值二氧化碳排放比 2020 年下降 18%；非化石能源消费比重达到 20% 左右；森林覆盖率达到 24.1%，森林蓄积量达到 180 亿立方米，为实现碳达峰碳中和奠定坚实基础。

到 2030 年，经济社会发展全面绿色转型取得显著成效，重点耗能行业能源利用效率达到国际先进水平。单位国内生产总值能耗大幅下降；单位国内生产总值二氧化碳排放比 2005 年下降 65% 以上；非化石能源消费比重达到 25% 左右，风电、太阳能发电总装机容量达到 12 亿千瓦以上；森林覆盖率达到 25% 左右，森林蓄积量达到 190 亿立方米，二氧化碳排放量达到峰值并实现稳中有降。

到 2060 年，绿色低碳循环发展的经济体系和清洁低碳安全高效的能源体系全面建立，能源利用效率达到国际先进水平，非化石能源消费比重达到80%以上，碳中和目标顺利实现，生态文明建设取得丰硕成果，开创人与自然和谐共生新境界。

（二）碳达峰与碳中和的提出背景

面对愈发严峻的气候问题，人类经过反复协商与探讨达成了一个基本共识，就是实现碳达峰与碳中和，也称"双碳"目标。"双碳"目标是主动应对全球气候变暖的关键行动。中国在现阶段提出"双碳"目标的承诺与本国的基本国情密切相关。我国固定资产投资占GDP比重的拐点已经出现。纵观后工业化国家的发展史可知，在工业化城镇化阶段，围绕基础设施、建筑及工业设备产生了大量的固定资产投资，建设所需的钢铁、水泥、电解铝等材料需要消耗大量能源，造成了大量的碳排放，而到了后工业化阶段，经济的主要贡献开始转向以消费为主的第三产业，对能源消耗量也自然降低，中国过去几十年的发展历程也是这样一个过程。全社会固定投资总额自改革开放以来经历了快速的增长，基本保持着两位数以上的增速，占GDP的比重也一路攀升，2015年固定投资比例一度达到81.25%，而后固定投资总额增速与其占GDP的比重，双双出现下滑，2019年、2020年固定投资总额增速出现负增长。此外，我国常住人口城镇化率在2021年末已达到64.72%，无论是未来城镇化的空间还是城镇化的增速均十分有限。经济发展阶段和发展方式转变为实现"双碳"目标提供现实基础全球气候治理是科学问题，但归根结底是发展问题，碳排放权关乎国家的发展权。

国内外气候变化专家的研究显示，中国有条件在2030年之前实现碳达峰，在2060年之前实现碳中和。基于目前已经成熟和基本成熟的绿色低碳技术和商业化的可行性，专家预测，如果中国及时采取有力的碳中和政策，就有望在2050年将碳排放从2020年水平降低70%左右，到2060年之前实现碳中和，即实现净零碳排放。如果要在2060年之前实现碳中和，则必须在实体经济层面加速推动电力、交通、建筑和工业的大规模去碳化，争取大多数产业实现自身的近零排放，较小比例的难以消除或降低的碳排放将由自然碳汇来吸收（固碳）。2060年之前，我国的碳减排虽然面临着机遇与挑战并存的局面，但总体来看是机遇多于挑战。为了在既定时间内完成碳达峰、碳中和目标，我国要在第四次绿色工业革命中占据主导地位，在与气候变化有关的国际合作中扮演好领军者、创新者的角色，为应对气候变化做出突出贡献。

二、碳达峰与碳中和的规划蓝图

2021年5月，中央层面成立了碳达峰碳中和工作领导小组，作为指导和统筹做好碳达峰碳中和工作的议事协调机构。2021年10月24日，中共中央、国务院印发《关于完整准确全面贯彻新发展理念做好碳达峰碳中和工作的意见》（以下简称《意见》），就确保如期实现碳达峰碳中和做出全面部署。《意见》不仅提出了2025年非化石能源消费比重达到20%左右，2030年风电、太阳能发电总装机容量达到12亿千瓦以上，2060年非化石能源消费比重达到80%以上等阶段性目标，还明确了10方面31项重点任务，勾勒出碳达峰、碳中和工作的路线图、施工图迫切需要顶层设计。

为了在2060年实现碳中和，我国统筹规划，以"十四五"时期为起点，引导投资转向零碳和负碳领域，以五年为周期制定二氧化碳减排目标，并辅之以减排政策。从整体来看，中国想要实现碳中和，大致要经历三个阶段（图7-1）。

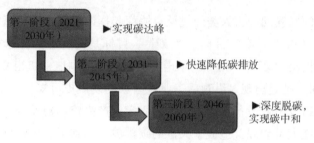

图7-1　中国实现碳中和的三个阶段

（一）第一阶段（2021—2030年）

"十四五"时期我国进入社会主义现代化建设的新时期，在这个时期，我国要贯彻新的发展理念，创建新的发展格局，坚定不移地推动经济实现高质量发展。2020年，受突然暴发的新冠肺炎疫情的影响，世界各国的经济受到了很大影响，在我国政府的努力下，我国经济实现了正增长。在疫情期间，让经济实现"绿色复苏"成为全球共识，在这个过程中，中国承担大国责任，发挥引领作用。国家主席习近平在联合国大会上提出的碳达峰、碳中和目标向其他各国释放出明确的信号，即中国要为应对气候问题、推动经济"绿色复苏"贡献中国力量。虽然我国一直强调走绿色发展、低碳发展的道路，但始终没能予以高度重视；碳达峰、碳中和目标的提出将我国绿色发展战略提升到一个新高度，明确了我国未来数十年的发展基调。

在"双碳"目标下，我国要建立绿色、低碳、可以实现循环发展的经济体系，建立清洁、低碳、高效、安全的现代化能源生产与消费体系，探索可持续、具有较强包容性与韧性的经济增长模式。总而言之，从经济基础、思想认知、技术保障等方面看，我国完全可以在2030年之前实现碳达峰。"十四五"期间，我国经济发展的主要任务就是转变经济发展方式，大力发展绿色经济、低碳经济，将单位GDP能耗降低13.5%，碳排放降低18%，尽快实现碳达峰，为实现碳中和奠定良好的基础。

另外，在交通领域，我国人均汽车保有量较低，"十三五"期间我国汽车保有量持续上涨，截至2021年3月，全国汽车保有量为2.87亿辆，其中私家车保有量为2.29亿辆（图7-2），结合第七次人口普查的数据经过换算可知，目前我国人均汽车保有量仅为0.16辆。未来，随着汽车保有量不断增加，交通行业对能源的需求将大幅增长，由此产生的碳排放也将不断增加。为了在2030年实现碳达峰，这一阶段的主要任务就是提高能源利用效率，在工业产业、电力行业用可再生能源代替传统的煤炭资源，用新能源汽车取代传统的燃油汽车，引导消费者低碳生活，减少二氧化碳排放。

图 7-2 "十三五"期间我国汽车保有量（单位：亿）

（二）第二阶段（2031—2045 年）

碳达峰目标实现之后，我国要在 2060 年之前实现碳中和。因此，在碳达峰目标实现之后的 15 年，我国必须快速降低碳排放。实现这一目标有两大基础：首先，随着可再生能源成本与储能成本不断下降，"可再生能源+储能系统"有望替代化石能源，大幅减少化石能源的使用；其次，随着电动汽车的成本不断下降、交通行业的基础设施不断完善，电动汽车将逐渐替代传统燃油汽车。因此，在这个阶段，我国的主要任务就是扩大可再生能源的利用规模，大幅提高新能源汽车在市场中的占比，有效替代传统燃油汽车，让交通部门全面实现电力化，同时加大碳捕集、利用与封存技术（Carbon Capture, Utilization and Storage 简称 CCUS），生物能结合碳捕获和封存（Bio-Energy with Carbon Capture and Storage，简称 BECCS）等负碳排放技术的推广应用，促使第一产业实现节能减排。

（三）第三阶段（2046—2060 年）

在这个阶段，CCUS、BECCS 等技术经过一段时间的发展已经基本成熟，可以大规模推广应用。同时，可再生能源、储能、氢能等技术也可以实现商业化应用。在这些技术的助力下，工业行业、电力行业、交通行业等可以完成低碳改造，大幅减少碳排放。对于无法控制的碳排放，可以借助 CCUS、BECCS 等技术以及碳汇交易实现碳中和。

由此可见，2030 年实现碳达峰与 2060 年实现碳中和这两个目标一脉相承。碳达峰实现的时间越早，峰值越低，碳中和的实现难度就越小。因此，现阶段，我国碳减排的重点任务就是尽快实现碳达峰，尽可能降低峰值。

从 2030 年实现碳达峰到 2060 年实现碳中和，中间仅有 30 年的时间，考虑到我国巨大的碳排放总量，在这 30 年间，我国的能源系统必将发生巨大变革。一方面，我国要大力推广可再生能源、CCUS、BECCS 等有利于碳减排的能源与技术，用可再生能源大规模替代化石能源；另一方面，国家要做好统筹规划，科学施策面向不同的行业设计不同的碳减排方案，分阶段实施，保证各行各业如期完成碳减排目标。

在各部委的引导下，各地方政府也制订了碳减排目标与行动计划（表 7-1）。例如，上海市计划在 2025 年实现碳达峰，比全国实现碳达峰的时间提前了 5 年；广东省、江苏省制定了 2025 年之前各行业的减排目标。

表 7-1 我国主要省（自治区、直辖市）"双碳"政策或行动计划

省份	"双碳"政策或行动计划
北京市	"十四五"时期碳排放稳中有降，开始向碳中和迈进。2021年加强细颗粒物、臭氧、温室气体协同控制，做好碳排放强度与碳排放总量的控制，明确碳中和实现路径与时间表，推进能源结构调整，促使交通、建筑等行业节能，加强土地资源环境管理，新增绿化面积15万亩
上海市	制订碳达峰行动计划，计划到2025年实现碳达峰。为了实现这一目标，上海将着力推动钢铁、化工、电力等重点行业与用能单位降低能耗，实现节能减排。按计划，上海将继续推行重点企业煤炭消费总量控制制度，到2025年将煤炭消费总量控制在4300万吨左右，煤炭消费在一次性能源消费中的占比降至30%左右，天然气消费在一次性能源消费中的占比提升至15%左右，本地可再生能源在全社会用电量中的占比提升至8%左右
广东省	将积极发展清洁能源，建设清洁低碳、安全高效、智能创新的现代化能源体系，计划到2025年让新能源发电装机规模达10250万千瓦，倡导简约舒适、绿色低碳的生活方式，制订碳达峰行动方案，率先实现碳达峰
四川省	2020年6月30日，四川省甘孜州、阿坝州、凉山州与攀枝花市召开光伏基地规划评审会，预计在"十四五"期间光伏基地总装机量将达到20吉瓦
山西省	将碳达峰作为深化能源革命的重要指引，推动煤矿绿色智能开采，利用5G、先进控制技术助力智能煤矿建设，建设智能化采掘工作面1000个，建设绿色开采煤矿40座，推动6座煤矿加快先进产能建设，将全省煤炭先进产能占比提升到75%，推进非常规天然气增储上产，力争让非常规天然气产量达到120亿立方米，同时深化电力市场化改革，完善电网主网架构，加大煤电机组灵活性改造，扩大电力外送规模，引导发电企业降本增效。另外要积极发展风电、光伏平价项目，推进地热能、生物质能开发应用
河北省	到2025年，河北省风电、光伏发电的装机容量要分别达到2600万千瓦、2000万千瓦
山东省	到2030年，新能源与可再生能源发电装机容量要达到8155万千瓦，其中风电装机容量2300万千瓦，太阳能发电2500万千瓦，生物质发电500万千瓦，水电790万千瓦，核电2065万千瓦，发电装机容量在省内电力装机容量的占比超过40%，年实现发电量2300亿千瓦·时
宁夏回族自治区	到2025年，可再生能源装机规模超过4000万千瓦，在电力装机中的占比超过50%，可再生能源在新增电力装机中的占比超过80%，在新增发电量中的占比超过50%
江苏省	到2025年，江苏省可再生能源装机容量力争超过5500万千瓦，省内可再生能源装机在总装机中的占比超过30%，其中风电装机达2600万千瓦，光伏发电装机达到2600万千瓦

第二节 低碳生活，健康你我

在社会经济飞速增长的过程中，碳的排放量随之逐年增高，从而造成全球气候变暖，甚至是其他的相关环境问题。《联合国气候变化框架公约的京都议定书》的出台和"哥本哈根世界气候大会"的召开，进一步说明了当前全球生态恶化问题的尖锐性，也意味着世界经济必须要向"知识经济"和"低碳经济"转变。我国把生态文明建设作为维系我们生存与可持续发展的战略举措，发展低碳经济、提倡低碳生活与我国正在推进的生态文明建设和科学发展观的指向是一致的。因此必须大力推广低碳节能，并让其成为当代经济发展的核心观点。

一、低碳经济的要旨与特征

（一）低碳经济定义

低碳经济是指在可持续发展理念指导下，通过技术创新、制度创新、产业转型、新能源开发等多种手段，尽可能地减少煤炭、石油等高碳能源消耗，减少温室气体排放，达到经济社会发展与生态环境保护双赢的一种经济发展形态。

低碳经济最初出现在英国政府2003年2月公布的《我们未来的能源——创建低碳经济》白皮书中。低碳经济是一种新的发展模式，是21世纪人类最大规模的经济、社会和环境革命，将比以往的工业革命意义更为重大，影响更为深远。低碳经济将催生新一轮的科技革命，以低碳经济、生物经济等为主导的新能源、新技术将改变未来的世界经济版图；低碳经济将创造一个新的金融市场，基于美元和高碳企业的国际金融市场元气大伤之后，基于能源量和低碳企业的新的金融市场正蓬勃欲出；低碳经济将创造新的龙头产业，蕴藏着巨大的商业机遇，这是一个转型的契机，可以帮助企业实现向低碳高增长模式的转变；低碳经济将催生新的经济增长点，成为国际金融危机后新一轮增长的主要带动力量，首先突破的国家可能成为新一轮增长的领跑者。

就像"知识经济"强调经济发展中较高的知识和技术含量，"循环经济"强调经济发展中的资源循环利用一样，"低碳"是对人类社会可持续发展中的经济增长方式提出的又一个新的要求。因为低碳经济的发展会对抑制全球气候变暖及对环境保护状况产生积极的影响，低碳经济概念很快为国际社会所接受。

（二）低碳经济的特征

总体上看，低碳经济的实质是提高能源利用效率、利用效应，其核心是技术创新、制度创新和人类发展观念的根本性转变。具体来看，低碳经济的特点主要表现在以下几个方面：

1. 低能耗

从低碳经济概念的基本理解上看，它是相对于建立在无约束的碳密集能源生产方式和消费方式的高碳经济而言的。其目标是实现包括生产、交换、分配和消费在内的社会再生产过程的经济活动的低碳化，追求温室气体排放量的最小化乃至零排放，在获得经济价值、社会价值最大化的同时，追求最大的生态经济效益。

2. 低排放

低碳经济的产生源于传统化石能源利用中过多的环境污染负外部性影响，故其发展的路径在于开发新能源、低碳及无碳能源，解决经济快速发展与传统能源消费模式下不断引发的碳排放脱节问题，最终实现无碳排放及经济增长的目标。为此，低碳经济最突出的特征应是倡导能源经济革命，关键在于降低能源消费中的碳排放量，基本目标是建成低碳能源乃至无碳能源的国民经济体系，最终目标是真正实现社会发展模式的清洁化、绿色化和持续化。

3. 低污染

一定程度上讲，低碳经济是人类为解决人为碳含量增加所导致的碳失衡背景下地球生物圈环境恶化而实施的人类自救行为。另外，还要看到，随着时代的变迁特别是能源活动领域问题的不断产生及发展，能源利用安全的内涵也在不断扩展。初期的能源安全战略主要体现在为经济社会的发展提供稳定、持续的能源供给，随着能源活动领域所引发的环境问题的进一步发展，特别是全球气候变暖及大气质量的进一步恶化，能源生态环境的保护问题开始成为能源使用安全所需要重点应对的问题。因而，低碳经济的发展依赖低碳能源，但清洁生产也应是低碳经济的关键环节。

（三）低碳经济与相关概念辨析

低碳经济与通常见到的生态经济、循环经济、绿色经济及低碳社会等概念都是当前产生的新的经济发展思想。从其产生的时代背景看，都是在传统不可持续性的经济增长模式弊端下，重新思考和认识人类和自然关系、反省自身发展模式的产物，因此它们之间既存在着联系，也存在着一定的区别。

1. 低碳经济与这些相近概念之间存在着共同点

相对于传统生产模式，都属于新的价值观念和消费理念，都追求人类的可持续发展和环境友好的实现，具体都涉及良性循环，生态修复及人类社会、经济、环境和谐相处等具体理念，提倡绿色和循环消费观念；其支撑点都注重绿色技术及科技的生态化，强调社会、经济的发展应建立在与生态环境和谐相处的基础上。

2. 低碳经济与这些相近概念之间也存在着诸多不同点

如生态经济重点在于实现经济系统与生态系统的有机结合，突破口在于创造，实现人与环境之间关系的可持续性；绿色经济的侧重点在于以人为本、关爱生命，兼顾物质与精神需求，突破口在于发展绿色技术，以科技发展为手段实现绿色生产、绿色消费及绿色分配；循环经济注重于实现整个社会物质的循环利用，探寻在社会经济活动中如何利用减量化、再利用及再循环原则实现资源节约和环境保护的具体路径，突破口在于提倡在生产、流通、消费全过程的资源节约和充分利用；低碳经济则是主要针对能源消费中的碳排放量来讲的，突破口则是通过提高能源利用效率、采用清洁能源等方式减少碳排放量，缓和在生态环境特别是气候变暖问题上的压力，因而其本身追求在保持较高经济增长水平基础上，实现碳排放量比较低的一种经济形态。

二、低碳经济的实现与发展路径

我国发展低碳经济的目标是以相对较低的碳排放，实现可持续发展和现代化建设，主要着力点在于大幅度降低单位国内生产总值（Gross Domestic Product，简称 GDP）二氧化碳排放量。从长期看，通过坚持不懈的努力，到 2050 年基本实现社会经济发展与二氧化碳排放的完全脱钩。从短期看，通过采取强有力的政策和措施，到 2020 年努力实现 GDP 二氧化碳排放强度比 2005 年下降 40%~45% 的目标。

（一）调整经济结构，转变发展方式

1. 经济结构

按照低碳经济低能耗、低排放、低污染的要求，调整投资、出口和消费这"三驾马车"的重点和方向，进一步优化经济结构，依靠"三驾马车"的强劲牵引，破解日益突出的资源能源环境难题，促进经济社会稳定持续的发展。第一，加强低碳产业的投资。在产业战略发展上，国家应选择低碳经济相关产业作为未来发展方向，并在财政、信贷等多方面进行大力扶持，使低碳经济真正成为我国经济发展新的增长点。第二，扩大低碳产品的出口。调整我国目前技术含量、环保标准和附加值都比较低的出口产业结构，鼓励能效较高的产品出口，以应对各类环境贸易壁垒。这是提高我国产品国际竞争力，有效地扩大国内出口的需要。第三，鼓励低碳消费方式。消费是需求，是动力，低碳消费也是起到引擎和拉动作用的重要环节。应在道路、广场、公园等公共场所率先实施低碳消费，以各种可能的形式鼓励私人低碳消费。政府要率先低碳化运作，实行"网络化"办公，使用节能减排型设备和办公用品，推行政府节能采购。引导家庭合理消费，养成家庭消费的低碳化、低能耗的消费模式和习惯。

2. 产业结构

在国家一系列政策支持下，"十二五"期间我国第三产业异军突起，占GDP比重逐年增加，成为经济发展的新引擎；"十三五"期间我国服务业产值持续增加，国家统计局数据显示，2017—2021年我国服务业增加产值逐年上升，除2020年因新冠疫情影响，增长率为1.9%，其余年份涨幅均超过7%（图7-3）。

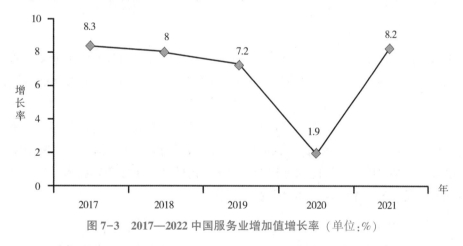

图7-3　2017—2022中国服务业增加值增长率（单位：%）

虽然国内纵向比较，产业结构已经在不断改善，但国际横向比较，能源密集度较低的第三产业的发展，明显落后于世界平均水平，目前全球服务业增加值占GDP比重达到60%以上，主要发达国家达70%以上。要加快产业结构的战略性调整，推动产业升级，首先使服务业，特别是知识、技术和管理密集型的现代服务业，成为拉动经济增长的主要力量。在工业内部，由于我国正处于工业化中期，"重化工业"加速发展，资源能源消费加剧，要在短期内实现产业结构的有序进退，淘汰落后产能、加快结构调整存在难度。但要实现新型工业化的道路，必须加大调整高碳产业结构，逐步降低高碳产业特别是"重化工业"经济在整个国民经济中的比重；培育发展新兴产业和高技术产业，节能环保产业、电子信息产业、技术密集型的制造业等高加工度产业替代能源原材料工业，使之成为拉动经济增长的重要动力。

3. 交通结构

随着汽车工业的发展，交通用能迅速增加，已在总能量需求中占30%的比例。汽车交通用能大量消耗液体燃料，加剧了宝贵石油资源的快速消耗。每燃烧1升汽油，要释放出2.2千克的二氧化碳，在全球范围内交通部门是二氧化碳的最大排放源。然而，汽车交通的能量利用效率并不高，仅为0.3%~0.5%，应优先考虑在短期内放慢排放量增长速度，同时开发替代的新技术和交通方式。一是大力发展公共交通系统，提高公共交通的分担率，控制私人汽车无节制增长；二是加快发展城市轨道交通和城际高速铁路，形成立体化的城市交通体系，200万人口以上有条件的城市都应鼓励发展城市轨道交通；三是通过不断提高强制性的汽车燃油效率标准，促进汽车改善燃油效率，同时大力发展混合燃料汽车、电动汽车等低碳排放的交通工具。除技术变革之外，行为的改变也可以带来可观的收益，如共享汽车，环保驾车、文明驾车，或者步行、骑自行车。

4. 建筑结构

发展低碳建筑要从设计和运行两个方面入手。在建筑设计上引入低碳理念，如充分利用太阳能、选用隔热保温的建筑材料、合理设计通风和采光系统、选用节能型取暖和制冷系统。在运行过程中，倡导居住空间的低碳装饰、选用低碳装饰材料，避免过度装修，在家庭推广使用节能灯和节能家用电器，有效降低每个家庭的碳排放量。

(二) 积极开发低碳技术，加强科技储备

低碳经济的支撑是低碳技术，包括清洁煤和可再生能源在内的低碳技术是实现低碳经济的基础。目前，我国需要通过自主创新积极研究开发推广应予碳捕获和碳封存技术、能源利用技术、减量化技术、新材料技术、生态恢复技术、替代技术、再利用技术、资源化技术、生物技术、绿色消费技术等。有效发挥先进技术在节能中的特殊作用，促进清洁生产和清洁循环利用，提高能源附加值和使用效率，保障能源供应安全和控制温室气体排放。鼓励推广包括风能、太阳能和生物能源技术在内的"低碳能源"技术，广泛应用于清洁燃料交通工具、节能型建筑、环保型农业等领域。

(三) 优化能源结构，大力发展低碳能源

我国90%的温室气体排放来自化石燃料的燃烧排放，因此优化能源结构、大力发展低碳能源、提高能源转化效率可以有效降低二氧化碳排放，是节能之外的另一个实现减排的主要途径。应逐步降低煤炭消费比例，加速发展天然气，保障石油安全供应，积极发展水电、核电和可再生能源先进利用，改变能源结构单一局面，明显提高优质能源比例，"十三五"末期将非化石能源占一次性能源消费的比重提升到15%左右，到2050年新增能源需求主要靠清洁能源满足，同时建立起智能电网等与可再生能源发展相适应的基础设施系统。

2019 年我国非化石能源占一次能源消费的比重为 15.3%，提前完成"十三五"规划，为了进一步优化我国能源结构，促进低碳经济的发展，可以从以下几个途径切入：

1. 集约、清洁、高效地利用煤炭

我国煤炭资源丰富，在一定程度上鼓励了对煤炭的过度依赖。为此，要控制煤炭的过快增长，大力发展先进燃煤发电技术，提高煤炭转化效率；大力推进热电联产、热电冷三联供等技术，提高煤炭资源的综合利用效率；集中利用煤炭，提高电气化水平。

2. 优化石油天然气供应

大力发展电动汽车、生物燃料等节能与新能源汽车，加快发展公共交通，控制石油消费的过快增长。通过扩大国内天然气资源的开发利用和进口周边国家天然气，增加天然气对煤炭和石油的替代，提高天然气在能源消费中的比重。

3. 大力发展低碳能源

低碳能源是低碳经济的基本保证。与化石能源相比，可再生能源是低碳能源，应重点开发。可再生能源包括生物质能、水能、风能、地热能、潮汐能等。核能在扣除核材料生产和废物处理过程中所消耗能量后可视为无碳排放能源，欧洲（法国等）的核电应用比例较大，对推进低碳经济起了很大作用。我国也要逐步加大核电站的建设。届时中国能源结构实现三分天下的结构，即煤炭占 1/3，油气占 1/3，低碳能源占 1/3，实现能源供应的多元化、清洁化和低碳化。

（四）改善土地利用，扩大碳汇潜力

近年来，我国陆地生态系统碳储量平均每年增加 1.9 亿~2.6 亿吨碳。增加碳汇以提高对温室气体的吸收也是减排的重要途径。增加碳汇主要涉及森林、耕地以及草地三个领域，同时每个领域有三种方式，即增加碳库贮量、保护现有的碳贮存和碳替代。

1. 增加森林碳汇

森林碳汇是最有效的固碳方式，每年增加的碳汇约为 1.5 亿吨碳。为进一步增加碳汇，应通过造林和再造林、退化生态系统恢复、建立农林复合系统、加强森林管理以提高林地生产力、延长轮伐期等增强森林碳汇；通过减少毁林、改进采伐作业措施、提高木材利用效率，以及更有效的森林灾害（林火、病虫害）控制来保护森林碳贮存；通过沼气替代薪柴、耐用木质林产品替代能源密集型材料、采伐剩余物的回收利用、进行木材产品的深加工、循环使用来实现碳替代。

2007 年，中国在发展中国家中率先发布《中国应对气候变化国家方案》。2014 年，印发《国家应对气候变化规划（2014—2020）》。2021 年，《中共中央国务院关于完整准确全面贯彻新发展理念做好碳达峰碳中和工作的意见》提出，要持续巩固提升生态系统碳汇能力，到 2025 年森林覆盖率达到 24.1%，森林蓄积量达到 180 亿立方米；到 2030 年，森林覆盖率达到 25% 左右，森林蓄积量达到 190 亿立方米。森林、草原、湿地等陆地生态系统源于其具有固碳增汇功能，且陆地碳库约为大气碳库的 3 倍，成为减缓大气二氧化碳浓

度上升和全球气候变暖的有效途径。

2. 增加耕地碳汇

耕地土壤碳库是整个陆地生态碳库的重要组成部分，也是最活跃的部分之一。我国农田土壤的有机碳含量普遍较低，南方约为 0.8%~1.2%，华北约为 0.5%~0.8%，东北约为 1.0%~1.5%，西北绝大多数在 0.5% 以下，而欧洲农业土壤大都在 1.5% 以上，美国则达到 2.5%~4%。因此增加或保持耕地土壤碳库的碳贮量有很大的潜力。

3. 保持和增加草原碳汇

保持和增加草原碳汇的关键在于防止草原的退化和开垦。具体措施将包括降低放牧密度、围封草场、人工种草和退化草地恢复等。另外，通过围栏养殖、轮牧、引入优良的牧草等畜牧业管理也可以改善草原碳汇。

（五）加强国际合作

低碳经济的发展离不开国家与国家之间的合作。我国要在发展低碳经济、自然生态、污染防治、城市环境规划、环境科学研究、环境教育、环境能力建设等众多领域开展国际环保合作项目。建立环境保护国际合作的新机制，推进国际组织和政府机构参与环保、扶贫等方面的合作。建设国家环保产业园，在产业规划上以新型能源、节能环保材料、环保设备生产、环保技术咨询研发为重点，吸引不同国家的知名环保企业入驻环保产业园，为环保产业发展提供资金、技术、人才等。

三、倡导绿色消费，低碳生活

2022 年，国家发展改革委、市场监管总局等部门关于印发《促进绿色消费实施方案》，面向碳达峰碳中和目标提出，到 2025 年，绿色低碳循环发展的消费体系初步形成。促进绿色消费是消费领域的一场深刻变革，必须在消费各领域全周期全链条全体系深度融入绿色理念，全面促进消费绿色低碳转型升级，这对贯彻新发展理念、构建新发展格局、推动高质量发展、实现碳达峰碳中和目标具有重要作用，意义十分重大。

（一）绿色消费的内涵和特征

1. 绿色消费的内涵

绿色消费是指各类消费主体在消费活动全过程始终贯彻绿色低碳理念的消费行为，涵盖吃、穿、住、行、用、游等领域。绿色消费是一种新型消费方式，它不仅包括公众运用生活理性选择环保舒适、健康低碳的消费理念，还包括在这种理念引导下自主选择没有被污染的消费产品，消费过程中注重环境保护、注意垃圾分类的消费行为。

现阶段，我国正处于推动绿色消费的窗口期，主要特征是由温饱型消费向小康型消费全面转型升级。人民群众的环境意识日益提升，消费水平稳步上升，对拥有美好环境的渴望也日益增加，形成了推动绿色消费的社会基础。与此同时，当前中国正处于经济绿色转型和改善生态文明质量的攻坚期，大力推动绿色消费对于创建绿色生活、改善环境质量、建设美丽中国具有非常重要的意义。

绿色消费的思潮早于概念的提出，最早见于卡尔·波兰尼1944年在其《大转型》一书中提出的"生态消费观"。绿色消费的概念在1987年由英国学者约翰·埃里克顿和茱莉亚·哈里斯在其《绿色消费者指南》一书中正式提出。这一理论的提出，适应了时代发展的需要，在1992年里约热内卢召开的联合国环境与发展大会制定的《21世纪议程》中明确提出"所有国家均应全力促进建立可持续的消费形态"，标志着这一理论得到世界性的认可和响应，目前绿色消费的"5R"原则已经得到国际上的普遍认可，即节约资源，减少污染（Reduce）；绿色生活、环保选购（Revaluate）；重复使用、多次利用（Reuse）；分类回收、循环再生（Recycle）；保护自然、万物共存（Rescue）。

2. 绿色消费的特征

绿色消费是一种适度消费、一种有节制的消费，是一种保持物质与精神之间平衡的消费。

①绿色消费把人和自然摆在平衡协调的地位，以人与自然"和睦相处"为伦理基础，注重生态系统的保护。它反对传统消费中片面的人类中心主义立场和对自然的片面功利主义态度，宣传与倡导人与自然的一体化和协调发展。

②绿色消费包含了人类本身也是一个有机整体的观念，注重人与人之间相互关系的平衡。它反对传统消费中存在的极端利己主义或自我中心主义，在承认不同消费者自我利益的同时，也承认他人与后代的利益，把不同消费者视为人类大家庭的平等成员。

③绿色消费强调人的消费需求的多样性和人性的丰富性，注重消费结构和消费方式的变革与优化。它反对传统消费中对人的本质、人性理解的单一化与片面化，倡导和实施人的物质消费需要和精神消费需要的紧密结合。

（二）践行绿色消费存在的障碍及对策

1. 践行绿色消费存在的障碍

（1）公众尚未养成绿色消费的行动自觉

我国自改革开放以来经济取得巨大成就，城镇化进展较快，但绿色消费模式尚未成熟。一方面，我国没有系统的绿色环保教育体系，虽然部分消费者具备绿色消费的意识，但对于绿色产品、绿色生活的概念还知之甚少，面对现阶段出现的垃圾分类处理等各种环境问题，需采取措施以提高公众对绿色消费模式的认知度，形成绿色生活的社会氛围；另一方面，绿色产品市场需求与消费者收入水平息息相关，目前我国的经济发展水平同一些发达国家尚有差距，属于发展中国家，居民收入水平总体来说不算太高，可支配收入偏低，公众在践行绿色生活方式的过程中，主动选择资源节约、环境友好的产品和服务，将激励行业和企业注重环境保护、资源节约、安全健康和回收利用，就目前我国消费市场来看，绿色产品的整体消费水平不高，市民仍会偏向购买价格较低的传统商品。

（2）企业绿色产品开发力度不足

绿色产品依靠企业的绿色生产来完成，而绝大多数企业都普遍面临着绿色生产的难题。一方面，企业进行绿色生产的全过程都要做到环保、安全、无污染、卫生，严格执行绿色生产环节的高标准需要大量资金进行支持，企业因为提高生产成本而引起绿色产品价格升高，势必会影响绿色产品的市场竞争力，企业利润难以保证，进而缺乏绿色生产的动力；另一方面，绝大多数企业缺乏绿色生产的专业技术人才和研发基金，绿色技术的研发能力不足，导致企业绿色产品研发困难，绿色产品研发最终难以进行，企业生产的绿色产品种类和质量难以满足消费者的需求，进而影响绿色消费的推行。

（3）政府尚未形成健全的绿色消费政策

现阶段，我国有关绿色消费的相关政策尚未完善。一方面，国家环境立法不健全，违反绿色消费的惩罚性措施尚不具体，如对浪费性、奢侈性、污染性消费的惩罚政策相对缺失；另一方面，关于绿色产品的认证鱼龙混杂，消费者无法识别哪些产品是真正的绿色产品，面对琳琅满目的产品不知如何抉择，绿色产品缺乏统一的标准、认证许可机制。绿色产品认证的相关体系没有完全建立，生产者的承责意识薄弱，这些政策的不完善难以形成良好的绿色消费氛围。

2. 践行绿色消费的对策

绿色消费行为是由消费者、企业、政府和第三部门这四种力量共同决定的，消费者是绿色消费的主体，企业是绿色消费的载体，政府和第三部门是绿色消费的规范者和引导者。培育绿色消费模式，要充分发挥这四大主体的作用，最终形成政府和第三部门引导绿色消费、企业主导绿色消费、消费者崇尚绿色消费的局面。

（1）消费者应努力培养绿色消费观念，提高绿色消费能力

消费者的绿色消费行为主要受绿色消费观念和绿色消费能力的制约，因此，消费者应大力培养绿色消费观念，正确理解绿色消费的意义，主动选择绿色消费模式，注重学习绿色消费知识，提高绿色消费能力，积极参与绿色消费实践。对普通消费者而言，现阶段践行绿色消费理念首先是从转变自身消费观念开始，改变铺张浪费的消费观，戒除以大量消耗能源、大量排放温室气体为代价的"一次性消费""面子消费""享乐消费""过度消费""奢侈消费"等不良嗜好，在日常生活中厉行节约，践行绿色健康的生活方式。例如，购物使用环保袋、使用无纸化办公、出门乘坐公共交通工具、使用太阳能等新能源、装修家居时尽量使用绿色装修材料、提倡光盘行动、使用节能家电等。

（2）企业应树立绿色市场观念，积极利用绿色技术，发展绿色产品

由于企业生产模式的绿色程度、产品价格、产品的绿色程度和产品性能等四个因素对绿色消费行为有重要影响。因此，企业要树立绿色营销观念，以市场为导向，调整产品结构，扩大绿色产品生产，努力增加绿色产品种类，以满足消费者的绿色消费需求。其次，企业应加大对绿色技术创新投入，努力研发、引进和推广绿色技术，加快绿色产品开发速度，降低绿色产品成本，改善绿色产品使用性能，提高绿色产品性价比，以吸引更多的绿色消费者。最后，企业还应坚持诚信原则，生产真正的绿色产品，正确使用绿色标签，客观宣传绿色产品，提高消费者的绿色消费满意度。

（3）政府应采取多种措施推动绿色消费

政府塑造的社会文化环境以及宏观消费环境是影响绿色消费者购买行为的重要因素。

首先，完善我国绿色消费的法律法规，规范消费者绿色生活方式，如对居民不坚持垃圾分类投放的行为出台详细的处理条例。建立健全绿色税收、绿色产品认证的制度，政府在企业纳税方面可以适当减免，如企业所得税和增值税上，企业进行绿色产品的研发可以享受税收减免的优待，支持企业绿色生产，增加绿色产品的供给，通过财政税收政策的引导加快企业绿色生产的速度，助推我国绿色市场的发展。其次，强化对绿色消费法律的督察，加大执法力度。树立政府执法威信、制定法律是推行绿色消费方式的基础，严格执行才是关键。因此，政府在完善绿色法律条例的基础上要严格执法，成立督察小组，经常性地组织绿色生活创建专项督察行动，将绿色执法督察行动进一步落实并且形成常态化工作，为我国进一步推行绿色消费方式营造良好的氛围。

（4）第三部门

第三部门包括学校、环保组织和大众媒体，它们从教育、宣传等方面影响绿色消费。高校应积极建设绿色科学教育体系，如将绿色消费的理念引入学校，组织教育专家专门编写生态文明的环保教材，开设专门的绿色环保课程，组建师生绿色环保宣讲团等（图7-6），把绿色生活的理念作为受教育者必须掌握的学习、生活技能，从而促进消费方式的绿色转型。环保组织和大众媒体可以从绿色消费的社会意义和健康意义出发，组织以绿色消费和绿色产品为主题的活动，向消费者宣传相关知识，加深消费者对绿色消费和绿色产品的认知，唤醒消费者的环保意识，促进消费者的绿色消费行为。

图 7-6　湖南环境生物职业技术学院师生宣讲团赴周边中小学校开展绿色环保宣传活动

习近平总书记指出，我们要倡导简约适度、绿色低碳的生活方式，形成文明健康的生活风尚。近年来，绿色低碳发展理念深入人心，绿色生活不断呈现新亮点。随着科技的发展、相关设施的完善，日常践行绿色低碳生活方式更加便利、更易实现。为了"绿色低碳生活"，从我做起，从小事做起，自觉抵制拜金主义、享乐主义、拜物主义，把生活过得简单、从容而不失品位。

第三节 垃圾分类，文明你我

中国每年产生生活垃圾约为4亿吨，并且以8%的速度逐年递增。那些日常丢弃的垃圾不会消失，总有一天会以另外一种方式出现在我们的生活中——吹来的风，饮用的水，在垃圾废料上种植的粮食蔬菜，吃垃圾长大的猪羊鱼……随着我国生态文明建设的持续推进，对垃圾的分类处理，成为建设美好生活环境的必然要求。同时，实施垃圾分类，可以有效提高废弃物的利用率，把垃圾作为可再生资源进行利用，减少垃圾对生态环境的污染。

一、垃圾分类及其重要意义

（一）垃圾分类

生活垃圾处理专指日常生活或者为日常生活提供服务的活动所产生的固体废弃物以及法律法规所规定的视为生活垃圾的固体废物的处理，包括生活垃圾的源头减量、清扫、分类收集、储存、运输、处理、处置及相关管理活动。

垃圾分类就是指按一定规定或标准将垃圾分类储存、分类投放和分类搬运，从而转变成公共资源的一系列活动的总称。分类的目的是提高垃圾的资源价值和经济价值，力争物尽其用。垃圾中分类储存阶段属于公众的私有品，垃圾经公众分类投放后成为公众所在小区或社区的区域性准公共资源，垃圾分类搬运到垃圾集中点或转运站后成为没有排除性的公共资源。

根据生态环境部公布的《2020年全国大、中城市固体废物污染环境防治年报》，2019年，196个大、中城市生活垃圾产生量23560.2万吨，处理量23487.2万吨，处理率达99.7%，中国200个大、中城市生活垃圾产生量逐年攀升（图7-5）。

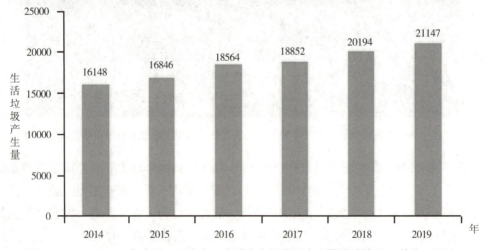

图7-5 2013—2019年中国200个大、中城市生活垃圾产生量统计情况（单位：万吨）

然而数据显示,"十三五"全国生活垃圾分类收运才达到 50 万吨/天,粗略估计,截至 2020 年年底,全国一年的生活垃圾分类收运仅有 18250 万吨,仅实现大、中城市生活垃圾的七成分类收运。

中国的经济快速发展,且人口增长以及城乡一体化发展脚步不断加快,城镇人口逐步集中,伴随而来的就是越积越多的生活垃圾。大量生活垃圾的产生对环境造成了危害,垃圾处理成为可持续发展中的重点问题,而垃圾处理的基础建立在分类收运上。

(二)垃圾分类的方法

每个城市的垃圾分类标准都不同,一般是分为可回收垃圾、有害垃圾、厨余垃圾和其他垃圾。

1. 可回收垃圾

即再生资源,指生活垃圾中未经污染、适宜回收循环利用的废物。主要包括:纸类(报纸、传单、杂志、旧书、纸板箱及其他未受污染的纸制品等)、金属(铁、铜、铝等制品)、玻璃(玻璃瓶罐、平板玻璃及其他玻璃制品)、棉麻布类、除塑料袋外的塑料制品(泡沫塑料、塑料瓶、硬塑料等)、橡胶及橡胶制品、牛奶盒等利乐包装、饮料瓶(可乐罐、塑料饮料瓶、啤酒瓶等)等。

投放注意:①轻投轻放;清洁干燥,避免污染;②废纸尽量平整;③立体包装物请清空内容物,清洁后压扁投放;④有尖锐边角的,应包裹后投放。

2. 有害垃圾

指生活垃圾中对人体健康或自然环境造成直接或潜在危害的物质,必须单独收集、运输、存贮,由环保部门认可的专业机构进行特殊安全处理。主要包括:电池(蓄电池、纽扣电池等)、废旧电子产品、废旧灯管灯泡、过期药品、过期日用化妆品、染发剂、杀虫剂容器、除草剂容器、废弃水银温度计、废油漆桶、废打印机墨盒、硒鼓等。

投放注意:①电池、废旧电子产品投放时请注意轻放;②油漆桶、杀虫剂等如有残留请密闭后投放;③废旧灯管灯泡等易破损请连带包装或包裹后轻放;④废药品等连带包装一并投放。

3. 厨余垃圾

又称为湿垃圾,主要为食堂剩菜、剩饭及烹饪过程中产生的菜帮菜叶、肉类鱼虾废弃部分、蛋壳等。主要包括:剩菜剩饭与西餐糕点等食物残余、菜梗菜叶、动物骨骼内脏、茶叶渣、水果残余、果壳瓜皮、盆景等植物的残枝落叶、废弃食用油等。其主要来源为家庭厨房、餐厅、饭店、食堂、市场及其他与食品加工有关的行业。

投放注意:①纯流质的食物垃圾,如牛奶等,应直接倒进下水口;②有包装物的湿垃圾应将包装物去除后分类投放,包装物请投放到对应的可回收物或干垃圾容器;③投放湿垃圾时,鼓励将包装物(如塑料袋)去除。

4. 其他垃圾

又称为干垃圾,指除可回收物、有害垃圾、餐厨垃圾外的其他生活垃圾,即现环卫体系主要收集和处理的垃圾。主要包括：受污染与无法再生的纸张（纸杯、照片、复写纸、压敏纸、收据用纸、明信片、相册、卫生纸、尿片等）、受污染或其他不可回收的玻璃、塑料袋与其他受污染的塑料制品、废旧衣物与其他纺织品、破旧陶瓷品、妇女卫生用品、一次性餐具、贝壳、烟头、灰土等。

投放注意：①尽量沥干水分；②难以辨识类别的生活垃圾投入干垃圾容器内。

（三）垃圾分类的意义

1. 减少环境污染

由于我国垃圾没有进行分类处理，现代的垃圾含有化学物质，有的会导致人们发病率提升。如果通过填埋或者堆放处理垃圾，即使远离生活场所对垃圾进行填埋，并且采用了相应的隔离技术，也难以杜绝有害物质渗透，这些有害物质会随着地球的循环而进入到整个生态圈中，污染水源和土地，通过植物或者动物，最终影响到人们的身体健康。

2. 节省土地资源

垃圾填埋和垃圾堆放等垃圾处理方式占用土地资源，垃圾填埋场都属于不可复场所，即填埋场不能够重新作为生活小区。且生活垃圾中有些物质不易降解，使土地受到严重侵蚀。将垃圾分类，去掉可以回收的、不易降解的物质，减少垃圾数量达60%以上。

3. 再生资源的利用

垃圾的产生是源于人们没有利用好资源，将自己不用的资源当成垃圾抛弃，这种废弃资源的方式对于整个生态系统的损失都是不可以估计的。在垃圾处理之前，通过垃圾分类回收，就可以将垃圾变废为宝，如回收纸张能够保护森林，减少森林资源的浪费；回收果皮蔬菜等生物垃圾，就可以作为绿色肥料，让土地能够更加肥沃。

4. 提高民众价值观念

垃圾分类是处理垃圾公害的最佳解决方法和最佳出路。进行垃圾分类已经成为一个国家发展的必然路径。垃圾分类能够使得民众学会节约资源、利用资源，养成良好的生活习惯，提高个人最终的素质素养。一个人能够养成良好的垃圾分类习惯，那么他也就会关注环境保护问题，在生活中注意资源的珍贵性，养成节约资源的习惯。

二、垃圾分类的推行

（一）城市生活垃圾分类处理存在困难

单一滞后的处理形式无法满足城市生活垃圾处理的具体需求，在进行垃圾分类处理也面临着比较多的问题。如在混合收集模式中，人力和物力耗费多，且不能高效进行垃圾的有效回收。

1. 居民垃圾分类意识欠缺

在进行垃圾分类处理的时候，主要是从其产生的源头出发，在城市之中，城市居民是垃圾的重要生产者。同时，其也成了源头分类的重要处理者。但是，我国很多城镇居民的思想意识是比较落后的,在进行生活垃圾处理的时候,往往是从其价值出发,针对那些有价值的垃圾进行变卖。针对那些没有价值的垃圾就采取丢弃的形式。这样,就导致很多垃圾处理在分类的时候拥有比较大的难度,并没有展现出较高的经济效益。

2. 生活垃圾处理成本高

在城市发展步伐不断加快的背景下,生活垃圾的种类和成分变得越来越复杂。在对其进行分类之后,就需要拥有不同收运和处理体系。因此,这样就提升了垃圾处理的成本,实施也步步艰难。这也是垃圾分类处理中的最大困难。

3. 政策体系不健全

在当前我国还有针对垃圾处理制定出完善的政策,相关体系也不够健全。比如,在具体的分类方式和分类内容上并没有做出比较明确的规定;在进行垃圾处理的时候往往出现盲从的问题;城市居民在进行垃圾处理的过程中并没有展现出较强的处理意识;缺少相应的强制性举措;工作投入和宣传上都不够充足等,所以垃圾处理难以顺利执行。

(二)有效实施垃圾分类处理的策略

我国在进行垃圾分类处理的时候,就要从多个层面出发。在宣传工作上要做出充足的努力,对垃圾实行资源化处理模式。同时,在强化监督的情况下,让垃圾的分类变得更加明确。垃圾分类处理要落实到位,提升处理的效果。

1. 加强宣传教育工作

想要让我国城市生活垃圾处理效率越来越高,就应该通过新媒体、自媒体和传统媒体等形式,对垃圾分类进行宣传和教育,使居民对垃圾分类处理提高认识,形成了新的生活认同方式。同时,还要对生活垃圾分类处理进行强化教育,让垃圾分类既是公民的个人素质体现,也是城市文明进步的重要标准。

2. 垃圾分类处理资源化

在对垃圾分类处理进行重点宣传的过程中,还应该在生活垃圾分类处理的资源化处理上做出更多的努力。第一,应该制定出完善的硬件设施,要让末端的处理形式对前端的处理形式产生一定的决定性作用。这为城市生活垃圾的合理开展提供充足的准备。第二,在完善硬件投入的时候,还应该对其进行科学化的管理,经过智能手段的运用,让垃圾处理的多个环节得到监督和控制。第三,在进行垃圾分类处理的过程中,应该展现出资源化处理模式。不管是堆肥还是生活垃圾的焚烧,都应该进行资源化的处理,对其中存在的相应问题进行解决。

3. 对垃圾处理进行合理分类

想要让我国垃圾分类处理的工作顺利地进行,就应该对其进行合理的分类。第一,应该从垃圾的成分和性能出发,对其进行重点分类。主要是分为可回收垃圾、有害垃圾、厨余垃圾和其他垃圾。在面对比较干的垃圾的时候,就可以采取焚烧的模式,针对医疗垃圾则需要进行特殊处理等。总之,要展现出分类处理的性能,在保护环境的情况下,让处理形式最优化。第二,从垃圾的降解性能出发进行分类处理。从该层面出发,把其分为有机垃圾和无机垃圾。纸张、塑料等是有机垃圾的重要代表。而无机垃圾主要是玻璃瓶、易拉罐等垃圾。第三，还可以从垃圾的处理工艺进行分类。主要分为填埋和焚烧。在进行填埋的时候，就应该对有机物等进行分离，还要防止出现难闻气味等。

4. 强化监督抓落实

想要在我国顺利实施垃圾分类处理模式，就应该对监督工作进行重点强化，还要对其进行重点落实工作的跟进。第一，在进行垃圾分类处理执行的过程中，就应该对监督进行重点强化。比如，应该对生活垃圾强制分类的具体实施情况进行监督和检查，并开展工作考核。把考核的具体结果要透明的向公众公开。针对那些不能依据要求进行垃圾分类处理的主体，要实行严格的惩罚。第二，发挥居民委员会、村民委员会的作用，要把垃圾强制分类工作归结为具体的日常管理工作之中。每一个工作主体都能够明确责任，并从每一个工作程序抓起。最终，让城市垃圾分类处理更加高效。

近年来，我国加速推行垃圾分类制度，2017 年初，国家发展和改革委员会及住房和城乡建设部联合下发《生活垃圾分类制度实施方案》，要求在 46 个试点城市先行先试生活垃圾强制分类。2021 年 5 月，国家发改委和住建部联合发布《"十四五"城镇生活垃圾分类和处理设施发展规划》，要求到 2025 年底，直辖市、省会城市和计划单列市等 46 个重点城市生活垃圾分类和处理能力进一步提升；地级城市因地制宜基本建成生活垃圾分类和处理系统；京津冀及周边、长三角、粤港澳大湾区、长江经济带、黄河流域、生态文明试验区具备条件的县城基本建成生活垃圾分类和处理系统；鼓励其他地区积极提升垃圾分类和处理设施覆盖水平。支持建制镇加快补齐生活垃圾收集、转运、无害化处理设施短板。

案例呈现

"垃圾分类七大行动"项目

第八章
生态文明践行日常化

第一节 融入生活，注重生态文明理念的实践

一、注重日常习惯养成

日常习惯的养成是一个长期训练并逐步提高的过程，是一个知、情、意、行相互转化、相互促进的过程。习惯养成教育要寓教于生活。生态文明日常习惯的养成，就是在生态文明观的指导下，通过对人们的日常行为进行有组织、有计划的培养和训练，使之将生态文明的行为要求成为自觉的稳定的行为习惯，从而将生态文明规范内化为自身的道德素质。对于大学生，生态文明日常习惯的养成，主要是掌握生态文明的世界观、价值观、伦理观和方法论，以此作为自己学习、生活、工作及日常行为的向导，促进自身的全面发展。

（一）在日常生活中提升生态文明意识

大学生肩负着建设生态文明社会的重任，因此，要根据时代发展的需要，自觉树立正确的生态价值观，积极培育自我生态文明意识，用正确的生态价值理念指导自己的行为，处理好生态环境保护和个人发展之间的关系，积极为生态文明建设贡献力量与智慧。

1. 主渠道强化生态文明教育

生态文明说到底就是人自身的文明问题，如果人人都具有生态文明意识，生态文明建设自然就能得到巩固和提升。自觉的生态文明意识是生态文明建设的道德基础和精神支撑，只有通过生态文明教育大力提升全民生态文明意识，生态文明建设才会有坚实的基础。因此，要把生态文明教育作为素质教育的重要内容，纳入国民教育体系、干部教育培训体系和企业培训体系，引导全社会树立生态文明意识，树立起人对于自然的道德义务感，养成良好的"敬畏自然、热爱生态、关爱生物、善待生命"的道德情操。

生态文明观教育只有在教育内容和教育形式上实现生活化的转向，才能确保生态文明理念在知识传递过程中的生命张力。因此，就大学生而言，生态文明观教育日常化是对生态文明教育路径由课堂向生活延伸的要求，其要求"以生为本"，将生态文明观教育在学生的学习和生活中全方位多角度开展，要贴近学生的需求和实际开展，要利用学生喜闻乐

见的形式开展，这是实现培育大学生生态人格这一目标的关键路径。知、情、信、意、行是人作为社会个体存在和实践必备的要素，因而生态文明观教育日常化的实现必须以这些要素的培育为载体才能成功建构大学生的生态人格。就大学生而言，加强生态文明教育、强化生态文明理念首先要开拓、发挥教育的主渠道作用，在主渠道中融入和渗透生态文明理念，为大学生德育注入新的内涵，生态文明教育进入思想政治课教材设置，使大学生在学习科学和人文知识中充分认识生态发展的规律，让他们从理论的层面上加深认识，提高认知水平，在大学生的心目中树起尊重自然、顺应自然、保护自然的意识。

2. 多层次开展生态文明宣讲

经过近年的教育和宣讲，有很多大学生从理论上已经知道了生态文明规范要求，但不够具体，还有一部分大学生对生态文明规范要求和技巧知道的很少，需要一些专题教育。运用生活当中随处可见的各种媒体和各类活动，广泛宣传有关生态文明建设的科普知识，普及生态文明法律法规，将生态文明理念渗透到千家万户，可以有效增强全民的生态忧患意识、参与意识、责任意识、节约意识和环保意识。尤其是对于大学生而言，利用校园宣传、网络、党团活动和社会实践等形式，开展各种生态知识普及活动，配合课堂渗透，可以有效提高学生对生态文明的认知水平。开展系列生态文明专题讲座，可以帮助学生了解和掌握生态文明行为的具体做法与一些技巧，促使学生日常生活中不断养成珍惜生态、保护环境的良好习惯。诸如节约水、电、资源的技巧，绿色消费的行为方式，保护生态环境的行为方式等。

3. 多情境引导生态文明思考

教育需要情境、理解需要情境、深度思考需要情境，好的情境在教学互动和引发思考方面发挥着重要作用，能够使学生的学习兴趣大幅提升、学习思考不断深入、知识掌握更加牢固、实践运用更加广泛。具体来说，老师针对具体教学内容和学生的认知，选择和创设恰当的情境贯穿整个教学过程，形成情境线，将学生可能会产生的疑惑转化成问题，不断加深问题的难度，对问题进行深度挖掘，造成学生的认知冲突，刺激学生深入思考，从而提高学生的思考能力；还可以对课程知识进行加工和优化，再以图片、动画、视频、声音、文字等相结合的形式呈现出来，调动起学生的多重感官参与，从而帮助学生形成对生态文明的科学认识，促进学生化学核心素养的形成与发展。尤其是导入生活情境引导学生思考，让学生思考、讨论生活中的生态文明现象，不但能巩固学生所学的知识，提高大学生对生态文明的认知水平，还能激发情感、引发思考和领悟，更好地促进生态文明核心素养的落实与渗透。

（二）在日常生活中渗透生态文明行为

1. 积极营造生态文明氛围

环境具有强大的育人功能，营造良好的校园生态环境和人文环境，对于生态文明意识提升和行为促进有重要的潜移默化作用。

①营造校园生态文化环境，创造良好的育人环境。营造校园生态文化环境，不仅需要

充分体现生态文化教育的特点，还需要妥善处理好与校园内部之间的关系，包括整体的校园环境规划、建筑设计、学生学习生活区域的设计等。在校园整体设计时，需要更多地彰显其文化与教育的特质，不仅要充分体现学校自身的特色以及历史，还需要适当地增加生态文明元素；对于学生学习生活区域，可以增加一些与生态文明相关的点缀性元素，进行宣传，强化生态文明教育的实效性，起到"润物细无声"的作用。

②通过各种媒体广泛、深入、持久地开展生态文明教育宣传活动，引导大学生养成生态文明行为习惯。如大学生都知道白色垃圾的危害，但是部分大学生却是白色垃圾的制造者，仅以早餐为例，每天早晨，在高校的大小路上，到处可见拎着一次性塑料薄膜袋装早点的学生，如果这个习惯能得以纠正，每天一个学校就将减少几千乃至上万个白色垃圾；又如节能减排意识方面，如果学生养成人走灯关的习惯，又将减少多少教室的长明灯。诸如此类，通过舆论的宣传，通过积极氛围的导向，都能够促使良好习惯的形成。

2. 自觉参与生态文明实践

日常生活的方方面面都是生态文明的实践场所。在日常生活中，进行生态文明教育、践行生态文明理念、养成生态文明行为仅仅靠开展一个主题活动是远远不够的，需要每一个人从生活日常、生活细节中注意自身的一举一动、践行生态文明。生活小事可以与生态文明行为密切相关，如乱丢纸屑、果皮，乱摘花朵，或洗手后不及时关水龙头时，相互之间应及时给予提醒，克服自身不良行为；从及时主动关上水龙头不让水白流、尽量使用二次水等方面节约用水；从少用洗洁精、减少白色垃圾、积极开展垃圾分类等方面减少对环境的污染；从空调温度设置与及时关闭、家电的正确使用等方面节约用电，从不破坏草坪、保护小动物等方面爱护自然，懂得保护环境要从自己做起，从小事做起。这些都是身边小事，而且完全力所能及，大学生还须做表率。

二、投入专项社会实践

"行是知之始，知是行之成"，大学生自身生态文明素养的提升，不仅需要补充一定的生态理论知识，树立正确的生态价值观，而且需要自觉参与生态实践活动，将内在思想外化为实际的行动，并在实践活动中不断改进自身的生态文明行为，提高解决生态问题的能力。习近平总书记指出：要"像保护眼睛一样保护生态环境，像对待生命一样对待生态环境"，对于生态文明建设，"每个人都应该做践行者、推动者"。大学生作为建设生态文明的重要力量，理应深入到生态实践活动当中，在实践中感受保护环境、节约资源的重要意义。

（一）主动参与校园生态实践活动

在校园生活中，大学生可以主动参与到校园生态实践活动当中，如参加关于生态文明知识的竞赛、校园生态环保社团、生态文明教育宣讲会等校园活动。大学生通过参与这些实践活动，可以提升自身的生态文明认知能力，进而将保护环境、节约资源的生态意识外化于行，付诸实际行动当中。学校也应该加大对于学校和社会热点的关注，有针对性地组织一些专项生态实践活动和社团活动，为大学生的生态文明行为养成提供实践平台。

(二）积极参与校外生态实践活动

大学生作为社会成员的重要组成部分，其生态行为关乎着生态文明建设发展的进程。因此，大学生应自觉参与生态实践活动。利用业余时间，有意识地组织学走进社会参与（开展）多种形式的生态文明实践活动，如参加义务植树、清扫街道垃圾、社区宣传普及生态环保知识等，通过参与社会生态实践活动，使大学生走出校园，深入社会生活当中，更好地将生态文明行为延伸至校外。学生通过参观考察、参加绿色志愿者等各项活动，可以在大自然中陶冶性情，激发热爱大自然、热爱祖国河山的情感，也增强生态危机的意识和责任感，还能发挥学生的主动性，让学生在运用所学的生态文明理论知识指导自身的实践活动，提高自己生态文明素养的同时，将生态文明理念传播到社会大环境当中，使全社会成员自觉践行生态文明行为，形成全社会保护生态环境的良好氛围。

（三）更多了解生态文明教育基地

近年，全国各地都设立了生态文明教育基地，对青少年的生态文明教育起了很好作用。生态文明教育也可以利用学校附近的一些生态村、生态保护区等，建立生态文明教育基地，学校定期组织学生到生态文明教育基地开展实践考察活动，可以使学生通过亲身参与，直接感受生态保护的意义，加深对生态文明建设的认识，促进生态文明行为的养成。在生态文明教育基地建设的探索过程中，要注重充分挖掘和有效保护各民族长期与自然相依相存中形成的优秀传统生态文化，加快建设从国家到地方的各级民族传统文化生态保护区，使优秀传统生态文化发扬光大；探索以自然保护区、风景名胜区、国家公园、森林公园、湿地公园、地质公园、世界自然遗产地以及博物馆为平台，建立各级各类生态文明教育示范基地和科普基地。正如习近平总书记 2021 年 3 月 22—25 日在福建考察时的讲话中指出的那样，"建立以国家公园为主题的自然保护地体系，目的就是按照山水林田湖草是一个生命共同体的理念，保持自然生态系统的原真性和完整性，保护生物多样性。要坚持生态保护第一，统筹保护和发展，有序推进生态移民，适度发展生态旅游，实现生态保护、绿色发展、民生改善相统一"。

三、践行生态消费理念

消费观实际上是一种生活的态度。把生态文明内化于心，体现在人们的日常生活中，首先要倡导健康的消费方式。现在一些学生不懂得尊重劳动，不懂得劳动成果来之不易，乱撕乱丢乱倒的浪费现象、人际交往中的铺张浪费等比较严重，甚至还有超前的、畸形的消费。因此，要引导学生树立科学的生活态度，科学的消费观念，倡导健康的生活消费方式，特别是绿色消费观的树立。生态理念与绿色习惯体现一个人的素质和教养。引导学生绿色消费，要使大学生继承和发扬勤俭节约的传统美德，懂得我国是一个资源缺乏的国家，盲目追求高消费会给有限的自然资源造成极大的浪费，要学会勤俭节约，从节约每一滴水，每一张纸做起。如不使用一次性餐具，少使用一次性塑料薄膜袋，使用具有绿色环保标志的产品，自觉节水节电，垃圾分类处理，控制污染。"在行为方式方面，需要从国情出发，强化节约资源意识与和谐发展理念，选择文明、健康的生活方式，树立勤俭、节约、循环、适度的绿色消费理念；积极倡导适度消费、循环消费和替代消费"。

我们必须看到，发达国家的生活方式是建立在能源和资源高消费的基础之上的，它与我们已经确立的生态文明的建设目标是相悖的。亚洲许多发展中国家，在经济快速发展的同时，生活方式上也在追求发达国家的模式，这引起了经济发展与资源之间的剧烈冲突。因此，仅仅在政府管理和企业生产中贯彻生态文明的原则是不够的，必须把生态文明的原则贯彻到日常消费领域，贯彻到居民的生活中。

以汽车产业为例，汽车产业的发展自然会提高人民的生活质量，可与汽车发展密不可分的能源、道路、停车场等设施的建设能不能也这样同步增长？最近几年，我国汽车发展与城市中心区人口过于密集、城市周边环境恶化的难题，一直难以解决。推进有益于环境的生活方式的最大意义，就在于给人类创造了从日常生活中去思考环境问题的机会。重要的是把有益于环境的生活方式，不仅只作为个人行为的问题、停留在个人行为的框架内，而要形成新的共同的生活方式，扩大共同生活圈。

四、推动生态价值引领

（一）突出激励作用

要在各类评价体系中将生态文明内容作为重要的考核指标。就大学生而言，学校建立和实施的各类奖惩和评价制度，要把生态文明行为纳入体系，并施以监管，促使大学生把生态文明的理念与行为落实到自己的学习、工作和生活之中。如制定激励机制，可与文明宿舍的评比、与优秀学生的综合评比相结合，也可以进行单项评比，以促使良好的行为习惯形成。充分发挥评价的激励作用，突出示范作用，对于不良的行为要及时予以批评指正。建立个人评价、班级评价、学校评价、社会评价等多种评价形式。在评价观念、评价机制方面，要注意克服在具体实施中对"智"的指标的偏重倾向。生命的意义往往是在生活的常态中实现的，要使青少年在潜移默化中养成良好的行为习惯。良好的行为习惯一旦形成，就会成为一种内在的自律需要，变为引导和激励大学生不断向善的精神动力。

（二）注重文化建设

1. 积极开展校园生态文化活动

借助高校开展的生态文化活动不仅能够逐步帮助大学生养成良好的生态文明行为习惯，还能够直接在活动中践行自身形成的生态文化价值观，在实践中将大学生已经具备的生态文明行为演变成能够充分体现生态文明价值观的一种行为模式。高校开展的实践活动是综合提升学生个人生态文化素质的重要渠道，在实践活动中蕴藏着丰富的生态文化知识与内容，能够拓展大学生已有的生态文化知识。引导大学生积极参与校园生态实践活动，不仅能够强化其对生态问题的理解，还能够将生态文明知识直接用来指导实践活动，直观感受自己的生态文明行为，并对生态问题进行反思。高校需要多开展与生态文化相关的校园活动，如借助植树节、世界地球日等环保纪念日组织活动，有效补充课堂生态文化教学的不足。

2. 大力构建校园生态文化制度

在高校中开展生态文明行为养成教育活动离不开校园内部的制度调控与约束，因此，需要根据生态文明行为养成教育的具体相关要求，结合高校教师与学生表现出来的生态文化价值理念与行为现状，来制定相关的校园生态文化制度，使其符合教育对象的发展规律，从制度上保障大学生的生态文明行为养成教育工作的开展。

3. 大力增强大学生生态文化认同感

生态文明行为养成教育任务的实现，需要学生具备一定的生态文化自觉性，而自觉性的养成是建立在一定的文化认同感上。可以尝试开展相关的丰富多彩的文化实践来唤醒学生的生态文化情怀，同时在日常学习生活中加强对大学生的生态文化意识引导，以提升他们在进行生态文明行为养成中的自觉性。

第二节 立足专业，注重生态文明知识的融合

一、生态的专业视角

（一）生态的系统观

2021年4月25日，习近平总书记在广西桂林考察时强调，要坚持山水林田湖草沙系统治理，坚持正确的生态观、发展观，敬畏自然、顺应自然、保护自然，上下同心，齐抓共管，把保持山水生态的原真性和完整性作为一项重要工作，深入推进生态修复和环境污染治理，杜绝滥采乱挖，推动流域生态环境持续改善、生态系统持续优化、整体功能持续提升。这段话背后蕴含了总书记生态文明思想贯穿始终的系统观。

生态的系统观讲究的是所有的个体（群体）之间都不是独立运作的，而是与其他个体（群体）之间有着相互关联、彼此之间相互影响的一个系统。在生态学上经常讲的种间关系、种内关系、生态系统等，都隐含着系统的观点在其中。观山观水，却不止于山水。生态系统本身就是一个紧密联系的有机整体，各个要素彼此相依又相互作用。因此，对于生态的理解，首先要明白深刻理解其蕴含的系统观。例如，生态破坏的因素是多方面的，生态修复的影响也是多方面的，如果缺乏系统观，生态保护花费不少，成效不大，走了弯路倒在其次，更严重的是，还有可能越修复、越破坏，伪修复、真破坏，造成不可估量的损失。国内外这样的教训也不少，为防控一种生物引来外来物种，结果因为缺少天敌，外来物种反而成灾的案例屡见不鲜。

强调系统观，前提就是要敬畏自然、顺应自然、保护自然。大自然犹如一个生命体，有其自在的生命规律。首先要敬畏和尊重其本身的影响演变逻辑，然后才能顺应；顺应就是要按照自然规律办事，不要硬性去改变自然，费时费力，得不偿失；做到了这些，最后才谈得上保护。保护自然虽然已成为共识，但有的地方也出现一些急功近利思想，恨不得

一夜之间生态就完全修复如初。坚持系统观，一定要敬畏和顺应自然本身，着眼长远，静待花开，不为一时的"显绩"就忽视生态保护的大局性、长远性和整体性。

系统观落到具体的工作中，还要改变生态保护中的条块分割现象，从各自为战转变为全域治理，从多头管理转变为统筹协调，做到"上下同心，齐抓共管"。要打破制度设计的单线思维，外部将生态与经济、政治、文化、社会制度相融合，内部将生态保护的各项制度统一起来，避免各自为政、甚至互相矛盾。

从生态系统观的角度来看，一个学校就是一个生态子系统。在这个子系统中营造浓厚的生态文明氛围，能够促进学生把内心的信念外化为自觉的行为。用系统的思维办事，走出一条生态环境与经济社会相互协同的和谐发展之路，才是实现人类永续发展的正道。

（二）生态的关系论

从生态学的起源来看，能够明显看到其中所蕴含的关系论。1859 年，生态学（Oekologie）一词最早是由海勒瑞提出的。1868 年，瑞特介绍生态学一词来源于希腊文，oikos 表示住所或栖息地，logos 代表研究。生态学是关于居住环境的科学。1869 年，德国人赫克尔首先把"研究生物与其周围环境相互关系的科学"命名为生态学，从此揭开了生态学发展的序幕。可见，从生态学的诞生开始，生态学就聚焦了相互关系。

生态的系统观本身就蕴含生态的关系论，生态的关系论其实是生态的系统观的延伸，生态的系统观指的是生态系统中各个要素彼此影响、紧密联系，构成一个有机整体。因为构成一个系统，这就意味着各个要素之间存在着直接或间接的相互关系和影响。在生态的关系论中，最少要有两个主体，才能有相互关系。狭义上来说可以是人与自然的关系、人与社会的关系、人与人的关系、人与自我的关系，广义上来说任何两者或多者之间的相互关系，都可以纳入生态视角范畴。从生态的专业视角来看，生态学就是研究不同主体之间的相互关系，可以延伸到几乎任何一门学科。例如，对于一个人来说，身心也可以是一对关系。

生态所追求的关系是一种和谐、稳定、文明的关系。每一个人在社会中想要维持良好的人际关系，都需要善待他人，需要对其他的人际个体真诚友善。放在自然界当中，也是一样。对于人类与自然而言，如果人类善待自然，自然就会对人类好，人类与自然相互之间就会达到一种和谐稳定、相互促进的相互关系，每一个主体在其中都处于舒适融洽的状态。反过来，如果人类不善待自然，相互之间就会出现一系列结构、功能、情绪的不稳定状态，出现环境污染、生境破坏、生物多样性下降等各种问题，最终会影响到人类自身。

人类在做任何决策的时候，都要考虑到相应的结果或者后果，会对人类或者目标产生什么样的影响，其实隐含的就是相互影响和相互关系。生态的关系论告诉我们，要想成长自己，就要成长他人，要想善待自己，就必须善待他人、善待自然。以自然之道，养万物之生。人类与自然的关系、发展与保护的关系、人与自我的关系等，是生态建设要处理的核心关系，而生态的系统观是处理这些关系的重要法宝。

(三) 生态的稳定性

1. 生态系统稳定性基本概念

生态系统稳定性即为生态系统所具有的保持或恢复自身结构和功能相对稳定的能力。生态系统的稳定性不仅与生态系统的结构、功能和进化特征有关，而且与外界干扰的强度和特征有关。如果一个生态系统在一定时期内，生产者、消费者和分解者之间的能量流动、物质循环和系统的结构较长时间的保持稳定，这种平衡状态叫生态平衡。在生态平衡状态下，生态系统中的生物种类和数量保持相对稳定；生产者、消费者和分解者之间构成完整的营养结构，食物网关系复杂；生物个体数目最多，生物量最大，生产力也最大，生物种类最多，种类比例适宜；系统功能较长时间保持平衡状态。

2. 生态系统稳定的生态阈值

生态阈值，有时候也称为环境容量，是指某一环境区域内，对外在干扰（人类活动、污染物、病虫害等）所造成的影响的最高承受能力。就环境污染而言，污染物存在的数量超过最大容纳量，这一环境的生态平衡和正常功能就会遭到破坏。如一条河流如果受到了污染，如果污染不是很严重，河流自身就可以实现自我净化，保持河流的清澈和河流中良好的生态环境，这就是生态系统维持自身稳定的工作机制。但是，如果河流受污染比较严重，河流就没有办法依靠自身完成水质净化，需要人为阻断污染源、清除污染物等方式予以净化。这也就意味着，人类对于生态系统的开发和利用，一是应该维持在生态阈值之内，让生态系统能够自我修复；二是通过各种方式，适当的提高生态系统的生态阈值，也就是提高生态系统的稳定性，尽量在不破坏生态环境的基础上获取更多资源、满足更多的人类需求，更好地处理好人与自然的关系。这其中是有很多工作可以做，如混交林的稳定性比纯种林的稳定性要高，一般结构越复杂的生态系统，其稳定性越高。

3. 生态系统的稳定性是一种动态平衡

生态系统的稳定性是动态的，是可以被打破的。各类生态系统，当外界施加的压力（自然的或人为的）超过了生态系统自身调节能力或代偿功能后，都将造成其结构破坏，功能受阻，正常的生态关系被打乱以及反馈自控能力下降等，这种状态称之为生态平衡失调。我们所讲的各种灾害其实都是生态系统稳定性遭受到了破坏，从而产生了生态失衡。如由于人类活动或自然过程引起某些物质进入大气，当浓度超过大气的自净能力时，使大气的性质发生变化，影响了人类正常的生产生活，就形成了大气污染；由于人类不合理的向水体中排放污染物，并超过了水体的自净能力，从而破坏了水体的性能与功能，就形成了水体污染；污染物通过水体、大气或直接进入土壤中排放转移，并积累到一定程度，超过了土壤的自净能力，导致土壤性能变化、酸化、盐渍化等，使土壤生态性能发生变化，出现土地生产力下降等现象，就形成了土壤污染。

生态的稳定是一种波动式的稳定，并不是一成不变的稳定，它可以从一种稳定到达另一种稳定、从一种平衡到达另一种平衡。例如，生态演替本身就是从一种稳态到达另一种稳态，生态系统稳定性的生态阈值也可以调节和改变。正是因为有这种动态变化，有了这种可调节性，使得人可以发挥自身的主观能动性，对自然进行改造，让自然朝着有利于自然、有利于人类的方向发展，可以让沙漠变绿洲，也可以让污水变清澈，让环境更美好。

4. 稳定性的结构与功能视角

生态系统平衡失调可以从两方面来看，一是结构上的失衡，主要包括结构缺损、结构变化两方面。如果生态系统的四大要素中缺少某一个或某几个要素，就称之为结构缺损。如肆意砍伐森林，将某一个生态系统中的森林全部砍伐殆尽，就会造成生态系统中的生产者（树木等）缺损。消费者（植食动物、肉食动物等）是直接或间接以生产者为食的，生产者缺损以后，马上就会引起消费者的缺损，它们只能迁移、死去或者退化。生产者、消费者都缺损以后，这个系统外貌和功能马上就改变了，就变成了一个不一样的生态系统。树木缺失以后，遇上大雨时，固土能力不足，表层土壤会随着雨水流失，而很多在土壤表层的微生物（往往都是分解者）也就随之消失。至此，环境要素本身也改变了，环境已经完全改了模样，引起非常迅速和剧烈的生态失衡。但多数情况下，结构缺损相对少见，更为常见的是结构变化，主要表现为生物种类减少，种群数量下降，层次结构变化等。如草原过度放牧，会导致生产者结构的变化；过度狩猎，会导致消费者结构的变化；以及各种原因引起的分解者、非生物成分组成和结构的变化等。二是功能上的失衡。主要表现为能量流动受阻和物质循环中断等方面。如砍伐森林、过度放牧、水体污染，会造成初级生产者的生产力下降，初级生产量不足以支撑原有生态系统在下一营养级的能量需求；改变生态环境，使食物链遭到破坏，或者直接毒害或捕杀某一级消费者使食物链关系消失，引起能量流动通道关闭或者受阻。

对于任何的生态危机和环境问题，都可以尝试从生态的结构与功能视角来系统思考和着手解决。因此，对待任何危机或者问题，要从系统角度出发，从关系角度出发，从最基本的结构与功能角度出发，来思考其产生的原因和解决的办法。可见，尽量维持生态系统内部和生态系统间的自然优化状态，就能尽可能预防生态系统的平衡失调。

二、专业的生态视角

（一）在专业教育中融入生态文明理念

融生态文明教育于专业教育中，既能帮助大学生深刻理解人、自然、社会三者之间和谐共生关系的本质，更好地培养大学生生态道德素质、提升大学生思想道德品质，还能有效地将大学生的专业知识与生态文明修养融会贯通，拓宽其专业视野，有利于大学生在今后的职业生涯中自觉关注生态环境，关爱自然。大力加强大学生的生态文明观养成教育，包括生态文明的哲学观、价值观、安全观、生态生产力观、生态科学的基本知识和基本规律教育，使大学生深刻认识到环境保护与地球生态环境、人类生存条件和社会未来发展唇齿相依的密切关系，从而树立起对生态文明行为养成教育具有重要支配作用的正确的生态价值观。生态文明哲学观教育可以使大学生从辩证唯物主义和历史唯物主义的高度理解人与自然的斗争性与同一性的关系，和谐相济、共同发展的关系；生态文明价值观可以使大学生理解掌握生态文明价值，更加自觉地善待自然界的其他生命，善待生态环境。生态科学的基本常识和基本规律教育，是大学生将来自觉地按照生态规律办事的基础，健全的生命维持系统，丰富的自然资源，乃是人类健康生活、全面发展的自然基础，也是构建资源节约型社会和环境友好型社会的题中应有之义。在这种融生态文明教育于专业教育中的教育模式下，使那些非生物、非环境专业的大学生接受环境教育、生态教育等较为系统的生态文明知识，培养其环境意识、生态意识，更重要的是能够触动学生将自身专业与生态文明进行思想交流与运用场景构建，促进知识相互之间的交流，使大学生在学习科学和人文知识中充分认识生态发展的规律，让他们从理论的层面上加深认识，提高认知水平，更好地确保在今后的工作和生活中切实养成良好的生态文明行为，促进大学生在自身专业学习与思考以及今后职业发展和专业发展往生态文明靠拢和聚焦。

（二）在专业认知中可以有生态视角

当前，在知识融合、跨界迁移的时代，不同专业之间的融合往往造成革命性的创新与认知升级。在自身专业学习过程中，引入其他视角，跨专业思考问题，可能是会在专业学习和职场中的各个不同阶段都会遇上的问题，对于每个人来说都非常重要。

任何一个专业都可以、也应当从不同的视角去打量和思考，这其中就包含生态视角。生态文明作为人类社会的文明演进方向和现代文明发展的必然趋势，每个人都应当具备相应视角；生态学作为关注万物之间相互影响与联系的学科，本身就可以找到很好的视角立足点。在很多学科、很多行业中都能看到系统、迭代等词汇，而这些词汇都是生态学当中的重要词汇，生态视角已经在不经意间融入到了很多行业与专业。认识一件事务、一种现象、一门学科总有不同的视角，从不同的视角也总能给人不同的感受和理解，也能够让人对自身专业有更深刻、更全面、更系统、更扎实的认识和理解。

在专业认知中引入生态视角。首先，其实每一个专业的落脚点最终都是为了更好地服务于后续发展（协调当前与今后、短期与长远的关系）、服务于人（协调人与自然、人与社会、人与人、人与自我的关系）、服务于整个行业、集体或系统（协调整体与局部的关系），那么在自身的专业认知、专业发展、专业决策的生态视角，就是要思考自己的专业学习、专业决策是否具有对行业、对人类可持续发展的考量，是否能够做出有利于生态文明建设的决策。如考虑这些问题：如果我做这个决策，会引起什么？它符合生态文明方向和趋势吗？其次，在专业认知中引入生态视角，更容易思考和找到自身专业与国家生态文明建设的结合点，从任何一个专业角度出发，都可以作出积极贡献。第三，能够从系统观、关系论、稳定性的角度思考自身专业，从系统观上梳理自己对于自身专业结构体系的学习和巩固，从关系论上看到自身专业当中要处理、解决和优化的问题与措施。比如：在城市规划中引入生态视角，能够更好地认识城市的本质、地位、作用和发展，更好地认识城市与外部地域的关系，更好地认识城市人类的作用与责任，从而更好地做好城市规划；在高校专业设置中，从种群演化规则、适应性理论、平衡与失衡理论、竞争与共生理论等相关生态学理论视角审视高校专业群落的变迁、专业结构的优化，就能够更深刻地理解高校专业结构是具有遗传与环境的产物生态演替的结构、是具有竞争与共生的耦合的自我调节功能的结构、是具有多样与集群渗透复杂多样的结构等生态化特性，从而运用生态学视角研究高校专业结构的生态关联性、生态可控性、生态适应性、生态平衡性等，更好地服务于高校专业设置与调整；此外，在商业领域、医药领域、文学领域都能够看到有很多专业越来越多地从生态的视角进行了自身专业、行业和领域进行解析解构与再认识。

多角度、跨专业就是借助了之前专业、行业、领域的支点，用一个外来的视角多一层审视和思考，所以自身专业本身要学好，自身专业领域精深，多角度、跨专业才可能触类旁通，才可能用引发深度思考。在学好学深自身专业认知的时候，将生态视角作为更全面、更深刻认识和学习自身专业的一种外来视角。

第三节 拓展思维，注重生态文明视角的升华

一、从"发展与保护"的关系视角，看生态文明价值观

（一）正确认识"发展与保护"的协同关系

处理好发展与保护的关系，是推进生态文明建设必须解决好的重大课题。首先，自然环境和自然资源是经济发展的基础和条件，发展离不开资源支撑，需要开发建设，经济发展对于环境的改变是不可避免的。生态文明强调人与自然等多种关系，但并不是说不能去开发自然、利用自然，人类要生存，必然会开发利用自然、获取能量资源。其次，人类活动、包括经济对于环境的改变，必将反过来影响到经济发展和人类本身，在开发资源、利用自然的过程中，不能不顾资源环境承载能力盲目进行开发建设。保护环境并非要使环境恢复到完全天然的状态，而是要将经济发展对环境的改变，保持在环境可以承受的限度内。需要强调的是，生态破坏或环境污染并不一定是经济发展的必然结果，很多情况下是未能处理好发展与保护的关系所致，其中的关键因素在于人自身，在于人们能否处理好发展与保护的关系。第三，发展消耗资源，发展也可以带来资源。最好的保护是合理利用和适应发展，合理利用能够激发更多的潜能、创造更多新的资源。也就是说，发展过程也可以是资源反复利用并持续产生效益的过程。实现这样的良性增长，需要人类不断深化对自然规律的认识，在不断提高勘探、开采、利用、生产等方面技术水平的基础上提高资源利用效率。

2018年4月，习近平总书记强调说，长江经济带建设要共抓大保护、不搞大开发，不是说不要大的发展，而是首先立个规矩，把长江生态修复放在首位，保护好中华民族的母亲河，不能搞破坏性开发。通过立规矩，倒逼产业转型升级，在坚持生态保护的前提下，发展适合的产业，实现科学发展、有序发展、高质量发展。正确认识"发展与保护"的协同关系，以便于理解可持续发展战略的必然性，理解我国在环境保护与经济发展方面、在生态文明建设方面的态度和政策。

（二）深刻理解"两山理论"蕴含的生态文明价值观

"绿水青山就是金山银山"这一论断是2005年由时任浙江省省委书记习近平同志在浙

江湖州安吉考察时提出的。这一论断用辩证思维看待了经济发展和环境保护之间的关系。对于"绿水青山就是金山银山"的丰富内涵，学术界已经有了很多解读，一般认为，其包含了这样三层意思："既要绿水青山，也要金山银山""绿水青山和金山银山绝不是对立的"和"绿水青山就是金山银山"，从不同角度诠释了经济发展与环境保护之间的辩证统一关系。实际上，从生态学角度来看，绿水青山，就是指我们赖以生存的这些水域、山岳等自然生态系统处于健康、稳定的状态，其尚没有被我们人类的生活、生产活动所破坏。如果这些生态系统遭到破坏，如水体被污染或出现富营养化，山上的植被被过度砍伐，那就不再是绿水青山了，因此绿水青山就是对健康生态系统的一种指代。只要生态系统处于健康正常状态，就能为人类提供环境支持、生态调节、资源供给、文化传承等功能，这些生态功能本身具有极高的经济价值、社会价值、文化价值和生态价值，即所谓的如"金山银山"。一旦遭受到破坏，修复它需要付出高昂巨大的代价，维护绿水青山所蕴含的价值，远远超过表面的经济利益。

2006年，习近平同志在实践中又进一步深化"绿水青山就是金山银山"理论，深刻阐述了"两山"之间内在关系的三个阶段："第一个阶段是用绿水青山去换金山银山，不考虑或者很少考虑环境的承载能力，一味索取资源。第二个阶段是既要金山银山，但是也要保住绿水青山，这时候经济发展和资源匮乏、环境恶化之间的矛盾开始凸显出来，人们意识到环境是我们生存发展的根本，要留得青山在，才能有柴烧。第三个阶段是认识到绿水青山可以源源不断地带来金山银山，绿水青山本身就是金山银山，我们种的常青树就是摇钱树，生态优势变成经济优势，形成了浑然一体、和谐统一的关系，这一阶段是一种更高的境界。"

党的十八大以来，"两山理论"被赋予新的时代内涵，在实践中日臻丰富完善，一套科学完整的理论体系已经形成。"绿水青山就是金山银山"其实蕴含着深刻的"发展与保护"关系视角，蕴含着深刻的生态文明价值观。对"两山理论"内涵的认识还须从其所蕴含的生态文明价值观上去理解。之前，对于"保护与发展之间是否对立""先保护还是先发展""保护与发展是否能够并行"的讨论经久不衰。"绿水青山就是金山银山"所蕴含的生态文明价值观告诉我们：保护和发展不但没有先后，可以同时进行，而且更重要的是包含有一个底层逻辑和核心价值，即：保护就是发展，保护的过程就可以成为发展的过程；对环境的保护本身就是一种发展，对环境的保护本身就可以成为一种产业，成为一种带动发展、促进发展、引领发展的产业，揭示了"绿水青山就是金山银山"更高层次的生态价值观：保护就是发展，通过积极引导、创新与规范，对环境的保护可以成为一种发展的产业，将"先发展再保护""边保护边发展""先保护再发展"融合为"保护就是发展"。

林业碳汇就是"绿水青山就是金山银山"的积极探索与实践。林业碳汇是指通过市场化手段参与林业资源交易，从而产生额外的经济价值，包括森林经营性碳汇和造林碳汇两个方面。其中，森林经营性碳汇针对的是现有森林，通过森林经营手段促进林木生长，增加碳汇。造林碳汇项目由政府、部门、企业和林权主体合作开发，政府主要发挥牵头和引导作用，林草部门负责项目开发的组织工作，项目企业承担碳汇计量、核签、上市等工作，林权主体是收益的一方，有需求的温室气体排放企业实施购买碳汇。2019年12月8日，山西启动造林碳汇开发试点。林业碳汇是在生态文明价值观指导下的一种全新模式的尝试，用时髦的话来说，林业碳汇就是把二氧化碳当成是一种商品，创造了一种新的需求，对生态建设模式和环境保护模式进行了重塑和构建，将环保直接做成了产业，这也必然是今后生态文明发展的重要方向。生态文明价值观中将经济发展与环境保护这两者更加有机的融合在一起，将保护与发展有机衔接在一起，既是一种关系论、整体观，也是必然趋势。

二、从"不同主体间"的关系视角，做一个"生态人"

（一）什么是"生态人"

生态是一种关系、是一个系统、是一种视角，我们所讲的"生态人"具有两层意思：一是从狭义上来说，自身具有强烈的生态文明、环境保护的意识，能够掌握生态文明基本知识，在正确把握人与自然关系的基础上，能够在日常行为和干事创业的决策中，贯彻好生态保护、生态文明的理念，将人对自然的道德义务内化为生态道德情感和生态道德意志，并通过生态道德行为表现出来，具有自主的生态文明行为；二是从广义上来说，在个人生活中能够将生态的概念和理念延伸至其他领域进行融合思考，能够从生态的视角看问题。从系统观、关系论角度上看，只要是有多个主体的一个系统，相互之间就能够有联系。如果一个人具有多种角度看问题，并且在不同的关系中，甚至是矛盾关系中能够维持自身平衡，保持心理健康、正常行事，都可以称之为"生态人"。"生态人"主要有以下几个特征：

一是价值理念生态化。"生态人"始终坚持生态文明价值观，尊重自然规律、保护自然环境，敬畏自然万物，承认自然环境对人类生存与发展的重大意义，完善自我生态人格的养成，思考问题、做出决策，都能自觉融入生态理念，受到生态价值引领，最大程度地兼顾生态效益、经济效益和社会效益，维护生态系统的整体利益。

二是思维意识生态化。可以简单理解为"生态人"在看待问题时，一方面，擅长利用生态的思维和意识考虑是什么、为什么和怎么做，是否有利于自然、有利于长远，不会脱离生态文明建设；另一方面，"生态人"的这一特性使他们用理性的生态思维，能够秉持系统性、关系论、稳定性等原则（角度）看待人、自然和社会之间的关系，看待自己的日常行为与决策。

三是行为处事生态化。一方面，认可人依赖于自然界且是自然界的一部分，人的生存和发展必然要开发和利用自然，一定会对自然造成影响；另一方面，也强调人不能不节制的开发利用自然，能够发挥自身主观能动性，合理化和最大化地利用自然资源，在开发利用自然的过程中勇于承担对自然的爱护维护责任，并且能够通过人的活动，给自然界带来积极的改善，因此在自己日常的行为处事中，能够自觉自愿进行有实效性的生态行为。

拓展资料：

生态语言学

（二）成为"生态人"

人是生态文明建设的主体。建设生态文明、弘扬生态文化需要生态人，生态人对生态文明建设、生态文化弘扬起到巨大的推动作用。但是，生态人并不是与生俱来的，而是在学习、思考、实践当中逐步形成的，包括对生态的科学认知、情感认同、意志磨炼、行为自觉、思维视角等方面。

1. 提升生态科学认知

从科学的视角认识生态文明。生态文明作为人类文明的一种形式，它以尊重和维护生态环境为主旨、以可持续发展为依据、以人类的可持续发展为着眼点，在开放利用自然的过程中，人类从维护社会、经济、自然系统的整体利益出发，尊重自然、保护自然，注重生态环境建设，致力于提高生态环境质量，使现代经济社会发展建立在生态系统良性循环的基础之上，以有效地解决人类经济社会活动的需求同自然生态环境系统供给之间的矛盾，实现人与自然的协同进化，促进经济社会、自然生态环境的可持续发展。

2. 增强生态情感认同

有了生态认知并不意味着一定能转化为生态行为，还需要有生态情感认同。从人与自然"双主体"的视角，将自然界视为与人息息相关、命运与共的一个命运共同体的视角来看，提升人们对人与自然紧密关系的科学认知、道德认知和情感认同，将自然作为与人类同等地位的一个主体。作为教师，在不同的教育阶段，要从人们的日常生活中汲取素材，让人们感知、思考和讨论，资源短缺、环境恶化、生物多样性下降的原因、后果、连锁反应等，引导学生从自然界的视角看待人自身，从而更深入地思考人与自然的关系。

3. 坚定生态意志磨炼

践行生态文明，不是一蹴而就的，甚至在日常生活当中还需要做出一定程度的短期牺牲，需要坚定和不断磨炼自己的生态意志，承担起践行生态文明、保护生态环境的责任。一要对自然界负责，抛却人类中心主义思维，重视自然界的主体地位，管理好自身行为；二要对人类负责，要有"人类命运共同体"的认知，每个人的一言一行综合起来会对自然界造成重大的影响，对自然界负责，就是对人类负责；三是对自己负责，始终牢记自己是自然界的一份子，自己的一言一行也都将对自然界造成影响，对自己负责、对未来负责，就是对自然界负责，就是在保护自己。

4. 落实生态行为自觉

培育生态人格的最终目标是每个个体都能够自觉践行生态行为。生态行为自觉可以通过增加生态文化体验活动来培育。一是要多游览自然景观，学习生态文化，保护生态环境；二是要参加环保活动，例如植树造林、垃圾分类等，养成爱护树木、不乱扔垃圾的习惯；三是要提倡绿色消费，低碳出行，从日常生活的小事着手，保护生态环境。

5. 强化生态思维视角

除了在专业学习中，大学生在生活中也可以具有相应生态思维视角，从生态视角看待和思考日常的生活习惯、行为模式，以及作为思考问题、认识事物、解决问题的一个重要视角。尤其是可以将日常生活中一些常规认知打破，重新用生态的"系统观""关系论""稳定性"等视角去思考和解构，让自己能够在一件事物发展上看到它的多重性、多元性，甚至矛盾性，从而能够更加全面、丰富、立体地去认识该事物，并在这种矛盾而统一的认知中仍旧保持正常行事能力。

参考文献

[1] 卢风. 生态文明：文明的超越：BEYOND INDUSTRIAL CIVILIZATION [M]. 北京：中国科学技术出版社，2019.

[2] 张云飞，李娜. 开创社会主义生态文明新时代 [M]. 北京：中国科学技术出版社，2017.

[3] 冯长. 生态文明与绿色经济研究 [M]. 北京：北京工业大学出版社，2017.

[4] 钱易，温宗国. 新时代生态文明建设总论 [M]. 北京：中国环境出版集团，2021.

[5] 文学禹，李建铁，刘妍君. 简明生态文明教育教程 [M]. 北京：中国林业出版社，2018.

[6] 曹鹤舰. 新时代中国生态文明建设 [M]. 成都：四川人民出版社，2019.

[7] 吉登星，郭起华，彭轶. 生态文明教育 [M]. 北京：中国林业出版社，2016.

[8] 文学禹，胡见前，张琦. 新编经济政治与生态文明教程 [M]. 北京：现代教育出版社，2016.

[9] 樊阳程，邹亮，陈佳，等. 生态文明建设国际案例集 [M]. 北京：中国林业出版社，2016.

[10] 张春霞，郑晶，廖福霖. 低碳经济与生态文明 [M]. 北京：中国林业出版社，2015.

[11] 方时姣. 建设生态文明 发展绿色经济 [M]. 北京：经济科学出版社，2020.

[12] 李世书. 生态文化·生态意识与生态文明建设 [M]. 北京：社会科学文献出版社，2021.

[13] 李干杰. 推进生态文明 建设美丽中国 [M]. 北京：人民出版社，2019.

[14] 谢彪，徐桂珍. 水生态文明建设导论 [M]. 北京：中国水利水电出版社，2019.

[15] 中国生态文明研究与促进会. 生态文明·绿色发展：深入学习贯彻习近平生态文明思想建设天蓝、地绿、水清的美丽中国：中国生态文明论坛南宁年会资料汇编·2018 [M]. 北京：中国环境出版社，2019.

[16] 高立龙. 生态文明建设：湖南实践：practice in Hunan [M]. 北京：社会科学文献出版社，2020.

[17] 刘永红. 生态文明建设的法治保障 [M]. 北京：社会科学文献出版社，2019.

[18] 丹尼尔·布鲁克. 未来城市的历史 [M]. 钱峰，王洁鹏译. 北京：新华出版社，2016.

[19] 伍业钢. 海绵城市设计：理念、技术、案例：concept, technology & case study [M]. 南京：江苏凤凰科学技术出版社，2019.

[20] 冯康曾，田山明，李鹤. 被动式建筑 节能建筑 智慧城市 [M]. 北京：中国建筑工业出版社，2017.

[21] 中国城市科学研究会. 中国低碳生态城市发展报告. 2019 [M]. 北京：中国城市出版社，2019.

[22] 中国城市科学研究会. 中国低碳生态城市发展报告. 2018 [M]. 北京：中国城市出版社，2018.

[23] 郑林昌，蔡征超，付加锋. 中国低碳、环保与发展的协同评估：2005-2017 [M]. 北京：人民出版社，2019.

[24] 陈丽鸿. 中国生态文明教育理论与实践 [M]. 北京：中央编译出版社，2019.

[25] 郝永池，郭东海. 绿色建筑与绿色施工 [M]. 北京：清华大学出版社，2021.

[26] 刘存钢，彭峰，郭丽娟. 绿色建筑理念下的建筑节能研究 [M]. 长春：吉林教育出版社，2020.

[27] 周锦，席静. 新能源技术 [M]. 长春：中国石化出版社，2020.

[28] 王毅，苏利明. 绿色发展改变中国：如何看中国生态文明建设 [M]. 北京：外文出版社，2019.

[29] 蔡昉，潘家华，王谋. 新中国生态文明建设70年 [M]. 北京：中国社会科学出版社，2020.

[30] 李静，柯坚. 价值与功能之间：碳达峰碳中和目标下我国能源法的转型重构 [J]. 江苏大学学报

（社会科学版），2022，24（03）：89-102.

[31] 王首然，祝福恩. 生态文明建设整体布局下实现"双碳"目标研究［J］. 理论探讨，2022（03）：125-129.

[32] 王晓东，李京子. 生态危机与现代性关系再审思——一种历史实践论视角［J］. 自然辩证法研究，2022，38（04）：122-128.

[33] 陈明星，赵荣钦. 探索双碳目标实现的路线图：自然资源管理与可持续城市化——"碳中和碳达峰战略的方向与路径"专辑刊后语［J］. 自然资源学报，2022，37（05）：1383-1384.

[34] 万冬冬. 自然生态·社会生态·人类生态：马克思生态思想的三重维度［J］. 理论导刊，2021（11）：92-96.

[34] 万媛媛. 绿色经济发展、清洁能源消耗与二氧化碳排放［J］. 生态经济，2022，38（05）：40-46.

[35] 习近平在中共中央政治局第二十九次集体学习时强调：保持生态文明建设战略定力 努力建设人与自然和谐共生的现代化［J］. 资源节约与环保，2021（05）：2-3.

[36] "美丽中国，我是行动者"提升公民生态文明意识行动计划（2021—2025年）［J］. 中华环境，2021（Z1）：20-28.

[37] 张惠远，张强，胡旭珺. 增强意识，完善制度，加快推进生态文明建设［N］. 中国环境报，2020，（003）.

[38] 卢勤. 新时代下中国生态文明建设的理论与实践研究——评《生态环境保护与可持续发展》［J］. 世界林业研究，2021，34（06）：121.

[39] 包庆德，陈艺文. 生态文明制度建设的思想引领与实践创新——习近平生态文明思想的制度建设维度探析［J］. 中国社会科学院研究生院学报，2019（03）：5-12.

[40] 姜江. 新媒体下高校生态文明教育机制创新的路径研究［J］. 当代教育论坛，2019（1）：66-72.

[41] 王亮. 国务院印发《气象高质量发展纲要（2022—2035年）》［N］. 中国气象报，2022-05-20（001）.

[42] 习近平. 共同构建人与自然生命共同体——在"领导人气候峰会"上的讲话［J］. 中华人民共和国国务院公报，2021（13）：7-9.

[43] 习近平. 共同构建地球生命共同体——在《生物多样性公约》第十五次缔约方大会领导人峰会上的主旨讲话［J］. 中华人民共和国国务院公报，2021（30）：9-10.

[44] 习近平. 在联合国生物多样性峰会上的讲话［J］. 中华人民共和国国务院公报，2020（29）：6-7.

[45] 杨舒. 生态文明建设这十年：看美丽中国画卷徐徐铺展［N］. 光明日报，2022-05-06（006）.

[46] 刘毅，寇江泽. 美丽中国建设迈出重大步伐［N］. 人民日报，2022-04-18（001）.